식생활과 건강

Dietary Health Management

박 상 태 저

계축문화사

머리말 Preface

1976년 미국의 보건교육후생성은 개인의 건강을 결정하는 요인은 그 수를 열거할 수 없을 정도로 다양하고 복잡하지만, 크게 유전적 요인(20%), 개인의 식생활 습관요인(52%), 의료서비스요인(8%), 보건정책 등으로 구분하였다.

즉, 여러 요인 중에서 식생활습관이 건강결정요인에서 차지하는 비중이 제일 높다는 것은 건강에 미치는 영향이 그만큼 크다는 것이다.

따라서 인체의 건강관리를 위해서는 영양소가 골고루 함유된 음식섭취와 올바른 생활습관을 유지하는 것이 매우 중요하다고 할 수 있겠다.

이 책의 구성은 크게 건강과 질병, 식품위생과 보건영양, 건강기능식품, 피부미용과 건강, 질환별 식생활, 건강과 운동으로 구분하여 설명하였다.

특별히 교과서와 교양서의 혼합형식으로 염두에 두고 집필하였으며, 최근 각광을 받고 있는 식생활교육사 자격증 취득에 도움이 될 수 있도록 정리하였다.

그러나 취지에 부족한 점이 있다면 향후 독자제현들께서 지적해 주시면 꾸준히 연구를 더하여 수정 보완해 나갈 것을 약속드린다.

최근에 연구윤리 특히 표절에 대한 기준이 강화되어 모든 자료의 출처를 정확히 표기하기 어려운 부분이 많아 참고문헌으로 포괄적으로 정리하였다.

끝으로 자료준비에 도움을 준 한국식생활교육협회 이지은 회장님과 박정이 부회장님, 그리고 원고정리에 도움을 준 경북대학교 박수일군과 출판에 심혈을 기울여주신 주영일 사장님을 비롯한 직원 분들께 깊은 감사를 드린다.

2017년 8월

연구실에서 저자

차 례 Contents

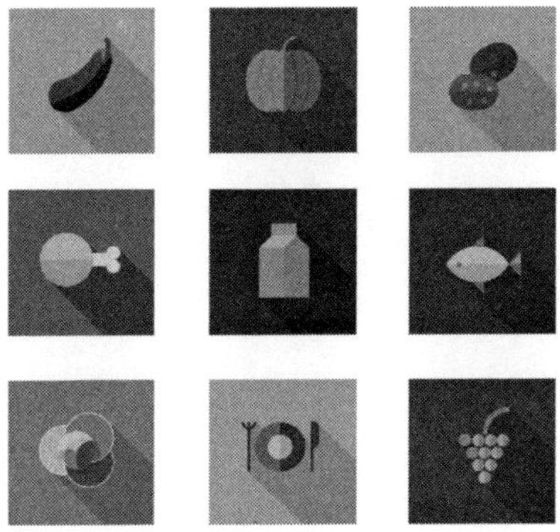

제 1 장
건강과 질병

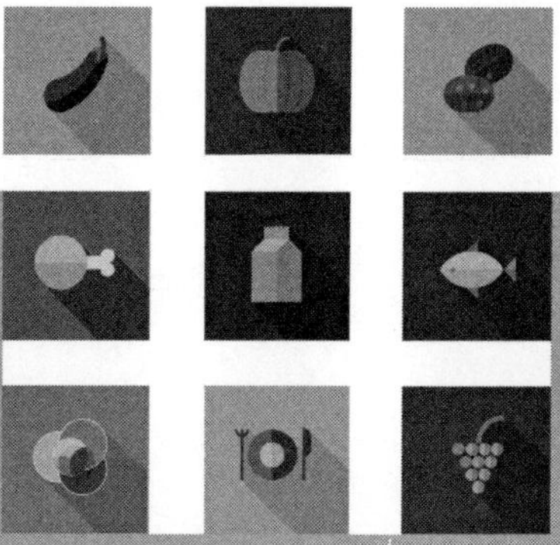

제 1 장

건강과 질병

1 공중보건학의 정의

1) 정 의

공중보건 (Public Health)은 "조직적인 지역사회의 노력을 통하여 질병을 예방하고, 생명을 연장시키며, 신체적, 정신적 효율을 증진시키는 기술이며 과학이다." 라고 윈슬로우(Winslow, 1930년)는 정의하였다.

윈슬로우의 정의는 포괄적이고 미래지향적인 것으로 공중보건학의 대상이 개인이 아니라 지역사회 단위임을 강조하고, 단순히 질병의 예방뿐만 아니라 수명연장과 신체적, 정신적 효율의 증진을 공중보건의 목적으로 삼았다.

2) 공중보건사업의 대상

공중보건사업을 개인이 아닌 지역사회전체의 주민을 대상으로 하고 있으며, 최소단위는 지역사회주민이다.

3) 공중보건의 목적

질병을 예방하고 인간의 수명을 연장시키며, 신체적, 정신적 건강 및 효율의 증진에 있다.

2 공중보건학의 관련 학문

1) 관련학문

공중보건학과 관련이 있는 학문으로는 위생학(hygiene). 예방의학(preventive medicine), 사회의학(social medicine), 지역사회보건학(community health), 건설의학(constructive medicine) 등이 있다.

(1) 위생학과 공중위생학

기원 2세기경에 이탈리아의 의학자 Galenus(Galen, AD, 130~200)가 인간의 건강유지・증진에 관한 학문에 대해 "Hygiene"이란 단어를 최초로 사용하였다.

초기의 위생학은 개인의 건강을 중심으로 하는 개인위생학의 범주를 벗어나지 못하였으나 점차 프랑스혁명과 영국의 산업혁명을 계기로 공중을 대상으로 하는 공중위생학으로 발전하였다.

위생학은 협의의 위생학과 광의의 위생학으로 분류하는데 좁은 의미의 위생학이라 함은 환경위생학을 의미하며, 넓은 의미의 위생학이라 함은 건강과 관련이 있는 공중위생학 또는 공중보건학을 의미한다.

(2) 예방의학과 공중보건학

[표 1-1] 예방의학과 공중보건학 비교

구분	예방의학	공중보건학
목적	질병예방, 수면연장, 육체적, 정신적 건강과 효율의 증진	
대상 및 단위	개인 및 가족	지역사회
내용	질병예방, 건강증진	불건강의 요인이 되는 사회적 요인 제거, 집단건강향상의 도모
책임소재	개인, 가족	공공조직
진단방법	임상적 진단	지역사회보건통계자료
문제해결	진료와 투약	보건관리와 봉사

예방의학과 공중보건은 같은 뜻으로 사용되나 그 목적은 동일하더라도 대상과 내용에 있어서 예방의학은 개인 또는 가족중심으로 질병을 예방하고 건강을 증진시키는 내용으로 치료의학에 대응되는 의학이며, 공중보건학은 지역사회의 주민을 대상으로 불건강의 원인이 되는 사회적 제 요인을 제거하는데 중점을 두고 있다.

(3) 의학과 공중보건학

일반적으로 공중보건학은 건강과 관련된 사회적 요인을 규명하고 이를 개선하는데 주안점을 두고 있는 반면, 예방의학은 질병예방을 기할 목적으로 치료의학에 대응되는 말로 쓰이고 있다. 따라서 의학은 환자치료를 위하여 투약을 하는 반면에 공중보건학은 보건교육, 감염병 관리, 환경위생, 영양관리 등의 보건관리와 봉사를 통하여 지역사회의 보건문제를 해결하는데 그 목적이 있다. 의학과 공중보건학은 연구대상(단위)과 중점관리분야 및 진단방법 등에 차이가 있다.

[표 1-2] 의학과 공중보건학의 비교

구분	의학	공중보건학
대상	환자 개인	지역사회주민
중점	질병치료	질병예방
진단방법	임상적 검사를 통한 진단	보건통계자료를 이용한 지역사회 진단
해결	투약, 처치, 수술 등 의료서비스	보건환경관리 및 보건의료서비스

(4) 사회의학(Social Medicine)

현대사회에 있어서는 질병을 취급하는 경우에 단순히 생물학적 장애만을 대상으로 해서는 불충분하고 사회적인 유해요인도 제거하는 대책을 강구해야 한다는 뜻에서 공중보건학을 일종의 사회의학이라 한다. 따라서 사회의학은 사회적 환경요인에 의한 인간집단의 건강을 추구하는 학문이라는 점에서 공중보건학과 학문을 추구하는 맥이 흡사할 수 있다.

(5) 지역사회보건학

지역사회의학 또는 지역사회보건학은 인간생활을 둘러싼 물리화학적·생물학적·사회학적 환경의 변이성, 인구증가와 사회구조의 변화, 의료시혜의 불균형, 사회요구의 다양성 등으로 인한 의료환경의 변화에 대응하여 공중보건과 예방의학을 의료분야에 적용시킨 새로운 개념으로서 모든 국민에게 포괄적인 보건의료서비스를 제공하기 위하여 1970년대 후반기로부터 발전된 분야이다. 따라서 지역사회를 기반으로 역학 및 생태학적 접근방법으로 지역주민에게 제공되는 포괄적 의료를 의미한다.

[표 1-3] 공중보건사업과 지역사회보건사업 특성 비교

특성	공중보건사업 (Public health service)	지역사회보건사업 (community health service)
사업대상	선택된 인구집단	지역사회주민전체
목적	질병예방(개인, 가족), 건강증진	지역사회로부터 세계인구집단의 건강증진
사업결정기관	정부 및 공공기관, 제한적 행사	지역사회, 자율적 행사
권력	정치권력과 강제성 있음	없음
평등성	합법성 전제되므로 평등	평등성이 적음
사업절차	정부에서-지역사회로 하향식 전달체계	지역사회에서-정부로 상향식 전달체계
사업완료기간	단기간	장기간
지역사회개발	소극적 추진	적극적 추진

(6) 건설의학

적극적인 건강이란 측면에서 최고수준의 건강을 목표로 심신을 육성한다는 건강증진 이념을 포함한 적극적인 의학을 의미한다.

2) 신공중보건

(1) 신공중보건의 등장

질병의 양상이 과거 감염병에서 만성퇴행성질환으로 바뀌어가면서 신공중보건시대로 변화해 가고 있다.

(2) 신공중보건과 건강증진

세계보건기구는 1986년 캐나다 오타와 건강증진국제회의의 총회에서 건강증진을 공중보건사업의 하나로 하는 신공중보건사업을 모든 국가가 받아들일 것을 권고하였다.

우리나라도 1995년에 국민건강증진법을 개정하여 1998년부터 건강증진기금을 조성하고 1998년부터 건강증진사업을 전개하였다.

2005년에는 "새 국민건강증진종합계획 – Health Plan 2010"을 발표하였다.

신공중보건사업에서의 건강증진사업으로는

① 생활습관개선(영양개선, 운동, 휴식 및 정신안정, 금연, 절주 등)

② 건강지원 환경조성(식품 안전, 산업장 안전, 학교 안전, 주거 안전, 지역사회 안전, 지역사회 건강 환경 조성, 생활환경 등)

③ 질병예방(생활습관병, 구강질환, 감염병, 만성질환, 여행 관련 질병, 신종질환, 조기검진) 등이 있다.

특히 질병의 조기예방과 진단, 치료를 위해 국가검진사업을 확대시행하고 있다.

3 건강의 개념

1) 건강의 개념

건강의 정의는 시대와 역사의 변천에 따라 변화하여 왔으며 또한 같은 시대라 할지라도 개인이나 집단의 문화적 상태에 따라 다르다. 원래 건강은 신체적 개념에서 파악되었으나 19세기 중엽부터 건강개념은 신체개념(身體槪念)에서 심신개념(心身槪念)으로 이행된 바

있다.

2차 대전이 끝난 후 조직된 UN 기구인 세계보건기구(WHO)는 이 개념을 생활개념(生活槪念)으로 변천시켜 놓았다. 세계보건기구(WHO, 1948)는 그 현장에서 "Heath is a complete state of physical, mental and social well-being and not merely the absence of disease or infirmity."라고 하고 있다.

즉, "건강이란 단순히 질병이 없고 허약하지 않은 상태만을 의미하는 것이 아니고 육체적, 정신적, 사회적 안녕이 완전한 상태"를 뜻한다. 이 정의에서 알 수 있듯이 건강은 신체적으로 고통과 불편이 없이 편안하고, 정신적으로 불안이나 긴장, 걱정이 없이 안정되고, 사회적으로 적합한 상태를 이상적인 건강의 수준으로 제시하고 있다.

여기서 사회적 안녕(social well-being)이란, 각 개인의 사회생활에 있어서 그 사람 나름대로의 역할을 충분히 수행하며 자신에게 부과된 사회적 기능을 다하여 사회생활에 잘 적응하고 있는 상태를 말한다.

최근에는 발전적인 개념으로 경제적(Economic), 지적(Intellectual), 영적(Spiritual)인 안녕까지 포함한 광범위하고 이상적인 정의를 내리고 있다.

2) 건강의 성립조건

건강의 정의가 통합적이고 다양화됨에 따라 건강을 유지, 증진시키는 방법 또한 어느 특정한 분야에서만 부분적으로 관여될 수 없으며 여러 요인이 상호 관련되어야 함을 알 수 있다.

건강의 성립조건으로 F. G. Clark는 삼원론을 제시하였다. 건강은 병인, 숙주, 환경의 3요인이 상호작용되어 성립된다고 하였으며, 즉, 병인이 우세하거나 환경이 병인에 유리하게 작용하면 건강이 저해되고 질병이 발생되며, 반대로 숙주가 우세하거나, 숙주에게 유리한 환경이 되면 건강이 증진된다고 한다. 따라서 이 3요인이 균형을 잘 이루고 있을 때 비로소 건강이 유지된다(그림 1-1).

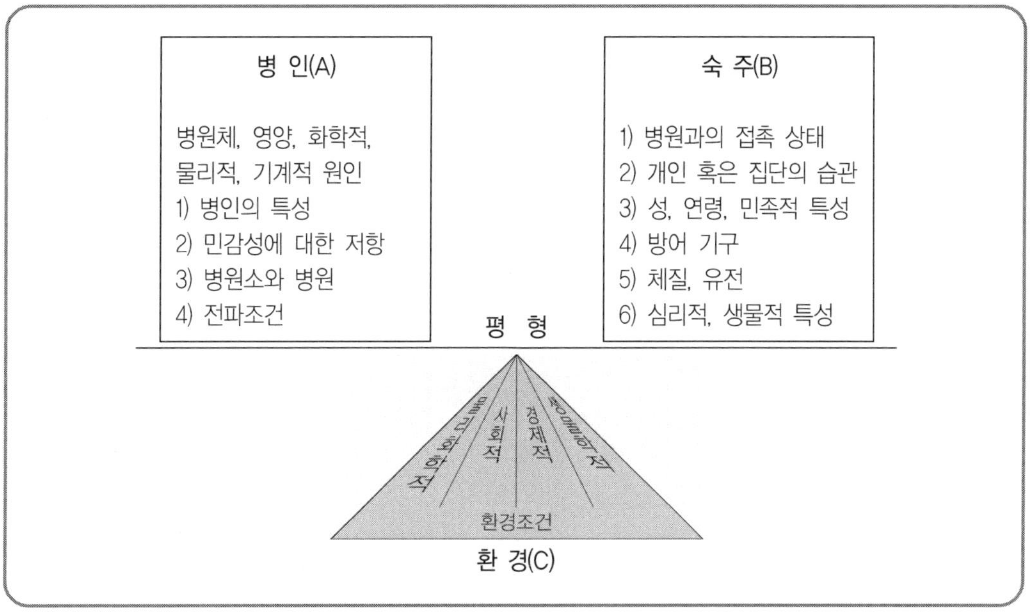

[그림 1-1] Clark와 Leavell의 건강 성립의 모형도

3) 건강의 척도와 결정요인

(1) 건강의 척도

Baumann은 건강에 대한 태도 연구에서, 사람들은 자신의 건강상태를 판단하는 데 세 가지 기준을 통해서 식별한다고 설명하고 있다.

첫째, 증상유무와 관련된 것으로 동통, 구토, 발열 등의 증상이 있으면 그 정도에 따라 자신이 병이 있다고 판단한다.

둘째, 사람들이 각자 어떻게 느끼는가로 자신의 불건강 상태로 판단한다.

셋째, 자신들이 하는 일의 성과를 가지고 건강상태를 판단한다.

건강과 불건강을 명확하게 구분할 수 없는 경우가 많이 있지만 일상생활에 있어서 개인의 건강상태가 좋아진다거나 나빠진다는 척도는

① 질병이나 신체의 기능 장애 여부

② 신체 존재에 대한 의식 여부

③ 삶의 보람을 느끼고 일상생활에 필요한 적당한 정력과 경쾌감의 유무

④ 변함없는 왕성한 식욕과 안정된 체중 유지

⑤ 충분한 수면과 심신의 안락상태

⑥ 정서적 안정과 사회생활이 조화 있게 이루어질 수 있느냐 여부로 가늠할 수 있지만 임상진단에 의해 확인하는 것이 중요하고 지역사회집단의 건강수준은 각종 보건통계 자료를 분석해서 나타낼 수 있다.

(2) 건강을 결정하는 요인

1976년 미국의 보건교육후생성(75세 이전 사망원인 분석결과)은 개인의 건강을 결정하는 요인은 그 수를 열거할 수 없을 정도로 다양하고 복잡하지만 크게 유전적 요인(20%), 환경적 요인(20%), 개인의 생활습관(52%), 의료서비스(8%), 보건정책 등으로 구분된다.

4 질병의 발생과 예방

1) 질병발생 과정

질병발생은 병인, 숙주, 환경의 균형이 파괴되었거나 병인 쪽으로 유리하게 작용되었음을 의미하며, 증상이 없는 병원성 이전 시기에서 시작하여 병원성기를 지나 완전히 회복되거나 또는 불구나 사망에 이르게 된다.

[표 1-4] 질병발생과 예방대책 단계

<table>
<tr><th>구 분</th><th colspan="2">병원성 이전기</th><th colspan="3">병원성기</th></tr>
<tr><td>질병의 과정</td><td>병인, 숙주, 환경 상호 작용
(1)</td><td>병 인
자극의 형성
(2)</td><td>병인 자극에 대한 숙주의 반응
(3)
조기의 병적 변화</td><td>질 병
(4)</td><td>회복 또는 사망
(5)</td></tr>
<tr><td>예비적 조 치</td><td>건 강 증 진</td><td>특 수 예 방</td><td>조 기 발 견
조 기 치 료</td><td>악 화 방 지
장애의 제한을 위 한 치 료</td><td>재 활</td></tr>
<tr><td>예방차원</td><td colspan="2">1차적 예방</td><td>2차적 예방</td><td colspan="2">3차적 예방</td></tr>
</table>

Leavell과 Clark는 이 질병의 자연사(natural history of disease) 과정을 5단계로 구분하였으며 각 단계마다 예방조치를 제시하고 있다(표 1-4).

2) 질병 예방대책

질병에 대한 협의의 예방은 질병발생을 억제하는 것이며, 광의의 예방대책은 다음과 같이 3단계로 분류할 수 있다.

(1) 1차적 예방(질병발생 억제 단계)

질병의 발생을 사전에 방지하는 것을 목적으로 하는데 여기에는 두 가지 단계의 예방수단이 적용된다.

① **건강증진**(健康增進, health promotion) : 질병예방의 가장 기본적인 단계는 적극적인 건강상태를 유지하고 증진하는 일이다. 이렇게 하기 위해서는 가정·직장·학교의 좋은 생활환경, 적절한 영양섭취, 쾌적한 의복, 오락·운동·휴식시설 등이 확보되어야 한다. 또한 이 단계에서는 보건교육의 역할이 대단히 크다. 단순한 보건지도뿐만 아니라 성교육·결혼상담·퇴직준비자의 생활상담 등도 포함된다. 특히 근래 두드러지게 증가하고 있는 만성질환의 예방에 있어서는 생활양식의 개선(life style improvement)이 가장 중요하다.

② **특이적 예방** : 개별적 질환의 병인대책을 말하는 것인데 이 경우에는 명확한 병인 파악이 우선되어야 한다. 감염병에 대한 예방접종, 예방목적의 약품, 사고의 방지대책, 직업병을 예방하기 위한 환경대책 등의 그 내용이다.

(2) 2차적 예방(조기발견과 조기치료 단계)

질병발생을 억제하지 못한 경우 조기에 질병을 발견하여 치료하는 단계이다. 전염성 질환인 경우에는 전염기회를 최소화함으로써 질병의 전파를 막고 치료기간은 물론 경제력과 노동력의 손실을 감소시킬 수 있으며, 비전염성 질환은 질병을 조기에 발견함으로써 치료기간을 단축시키고 생존율을 증가시킬 수 있다.

(3) 3차적 예방(재활 및 사회복귀 단계)

질병으로 인한 신체적, 정신적 손상에 대한 후유증을 최소화하고 장애를 남긴 사람들에게 재활치료를 실시하여 신체 기능을 회복시키거나(의학적 재활), 기능 장애를 최소한으로 경감시키고 남아 있는 기능을 최대한으로 활용하여 정상적인 사회생활을 할 수 있도록 직업훈련을 시켜주는(직업적 재활) 단계이다.

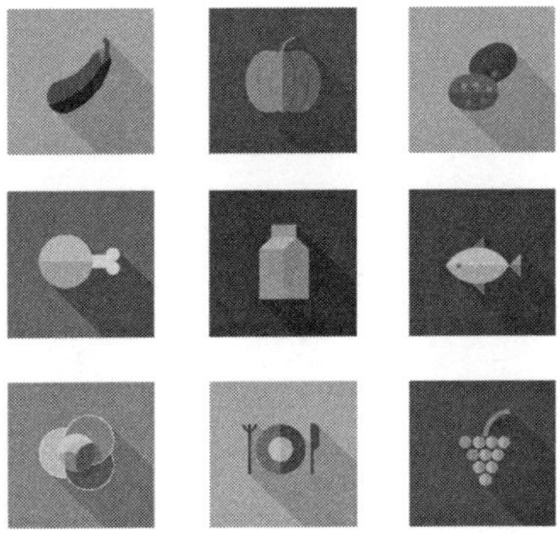

제2장 식품위생과 보건영양

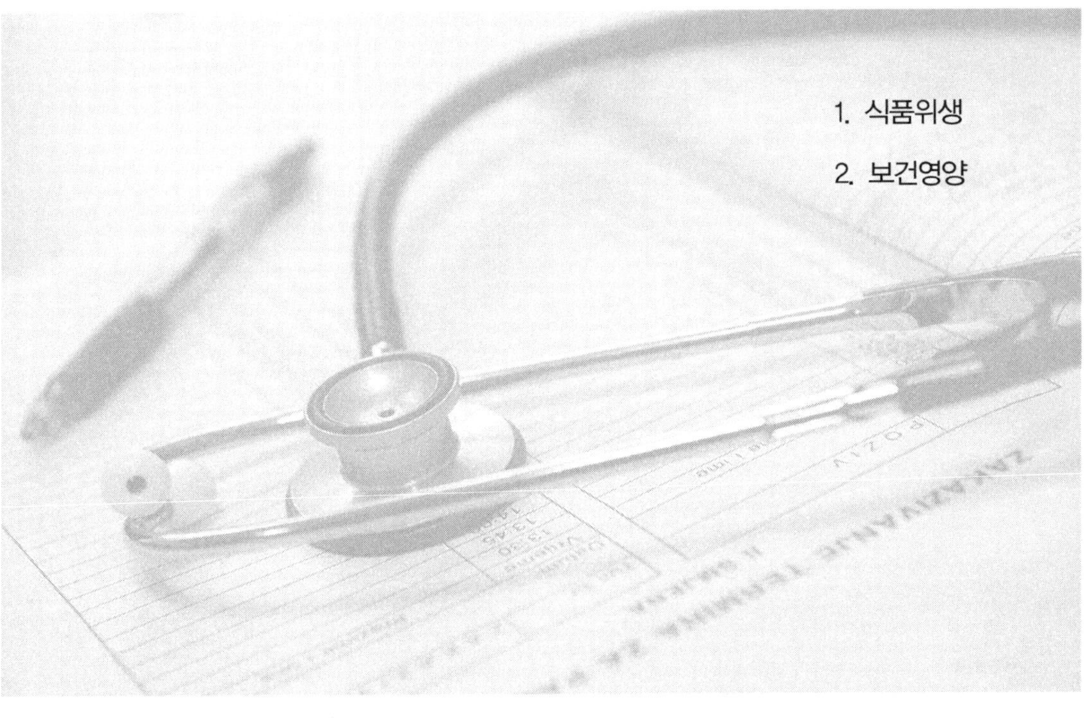

1. 식품위생
2. 보건영양

Dietary Health Management

제 2 장

식품위생과 보건영양

1 식품위생

1) 식품의 정의

식품은 인간이 삶을 영위하기 위하여 섭취하는 반드시 필요한 음식물로 하루라도 없으면 살아갈 수 없는 필수불가결한 요소이다. 따라서 식품은 인간이 생명을 유지하기 위하여 적당한 영양소를 함유하여야 하며, 각종 병원 미생물에 오염되었거나 유해·유독물질을 함유하여 인간의 건강과 생명에 위해를 일으키지 않는 위생상 안전한 것이어야 한다.

2) 식품위생의 정의

식품위생법 제1조에서는 '식품으로 인하여 생기는 위생상의 위해를 방지하고 식품영양의 질적 향상을 도모하며 식품에 관한 올바른 정보를 제공하여 국민보건의 증진에 이바지

함을 목적으로 한다.' 라고 규정되어 있다. 또한, 식품위생이란 '식품, 첨가물, 기구 또는 용기·포장을 대상으로 하는 음식에 관한 위생을 말한다' 라고 정의하고 있다(식품위생법 제22조 제11호).

3) 식품위생관리 3대 요소

식품의 안전성, 완전무결성, 건전성이 3대 요소이며 안정성이 가장 중요한 요소이다.

4) 식품위해요소 중점관리기준

식품위해요소 중점관리기준을 해썹(HACCP)이라 부른다. 식품의 원재를 생산에서 제조, 가공, 보존, 유통단계를 거쳐 최종 소비자가 섭취하기 전까지 각 단계에서 발생할 우려가 있는 위해요소를 규명, 관리함으로써 식품의 안전성(Safety)을 확보하기 위한 과학적인 위생관리체계를 말한다. 우리나라는 1995년 12월 29일 식품위생법에 HACCP제도를 도입하였다. 현재 모든 식품 품목과 축산물작업장에서 HACCP에 적극 참여할 수 있도록 의무적용과 자율적용을 활용하고 있다.

5) 식품의 보존법

식품의 변질을 예방하거나 식품의 미생물을 제거하거나 미생물의 증식을 억제하는 것을 말하며 물리적 보존법과 화학적 보존법이 있다.

(1) 물리적 보존법

① **건조 및 탈수법** : 수분 15% 이하로 곡류, 북어, 두류, 굴비 등
② **냉장 및 냉동법** : 1~4℃, −4℃, 생선, 육류, 채소, 과일 등
③ **가열멸균법** : 100(120)℃, 통조림
④ **밀봉법** : 탈수상태유지, 과자류, 라면, 빵 등
⑤ **통조림법** : 가열, 밀봉

(2) 화학적 보존법

① 절임법 : 10~15% 소금물, 50% 설탕물

② 방부제(보존료) : 증식, 발육억제제

③ 가스저장법 : 호기성 세균의 번식억제, 난류 등

④ 훈증법 : 훈증가스소독, 곡류

⑤ 훈연법 : 참나무 등의 연기성분, 어패류

6) 식중독

① 식중독의 정의

일종의 급성위장장애 또는 신경장애현상을 일으키는 중독성 질병이다. 식중독은 국지적·집단적이며 급격히 발생한다는 특징이 있다. 우리나라 식중독 발생은 급속히 집단적으로 발생하며, 지역이 국한되었고 여름철에 많으며, 20대 남자가 많다는 역학적 특성이 있다.

② 식중독의 분류

㉠ 세균성 식중독 : ⓐ 감염형 : 살모넬라균, 장염비브리오균, 병원성대장균 등
ⓑ 독소형 : 보톨리누스균, 포도상구균

㉡ 화학적 식중독 : 유해금속, 유해첨가물, 농약 중독 등

㉢ 자연적 식중독 : 동·식물성, 곰팡이 등

2 보건영양

1) 보건영양의 정의

영양학도 음식물을 중시하는 식품과학과 인간중심을 연구하는 영양과학으로 대변할 수 있다. 영양과학은 다시 ① 기초영양학, ② 임상영양학, ③ 보건영양학으로 구분할 수 있다.

2) 보건영양의 중요성

국민영양관리는 국력향상 및 경제적 발전의 원동력이 되는 가장 중요한 요소로서 국민의 체력향상과 건강유지, 근로자의 작업능력 향상 및 정신적 안정과 작업의욕의 고취로 생산성을 향상시킬 수 있다.

이러한 의미에서 국민영양사업은 매우 중요하며 국민보건사업의 일환으로 계획되어야 한다.

보건영양과 관련하여 우리나라는 2010년 국민영양관리법을 제정하였으며, 국민들의 건강한 식생활 실천을 지원하는 방안으로 영양관리 및 영양교육과 관련된 종합계획을 수립·실시하도록 하고 있다.

보건영양에서는 주로 만성질환의 발병과 밀접한 관련에 많은 관심을 두고 있으며, 영양과 만성질환의 관계는 아래와 같다.

[표 2-1] 영양과 만성질환의 관계

주요질병	영양 요인					
	에너지의 과다섭취	지질의 과다섭취	식이섬유의 낮은섭취	비타민과 무기질의 낮은섭취	짠 음식과 염장섭취의 과다섭취	칼슘의 낮은섭취
비만	○	○	○	○		
심장병 및 동맥경화	○	○	○	○		
고혈압	○				○	
당뇨병	○	○				
암	○	○	○	○	○	○
골다공증						○

3) 영양과 영양소

(1) **열량소** : 에너지 생산의 급원이며 탄수화물(4kcal/1g), 단백질(4kcal/1g), 지방(9kcal/1g) 등으로 구성되어 있다.

(2) **구성소** : 신체조직을 만들어주고 오래된 조직을 새로운 조직으로 보수하는데 필요한 영양소(구성원)는 단백질과 무기질이다.

(3) **조절소** : 인체의 생리기능과 대사를 조절하는 물질로 인체가 항상 정상 상태를 유지할 수 있도록 도와주는 작용을 하고 대사과정이나 효소, 호르몬 생성에 관여하는 영양소(조절소)에는 비타민, 무기질 등이 있다.

(4) **영양소** : 2종류와 체내에서의 기능에 따라 크게 3종류로 구분할 수 있다.

[표 2-2] 영양소의 구분 및 역할

영양소	역할			주요식품
	에너지제공	신체조직구성	체내기능조절	
탄수화물	○			곡류, 전분류, 당류
단백질	○	○		고기, 콩류, 계란, 생선
지방	○			유지류, 기름기 있는 식품
비타민(지용성)			○	동물성식품, 녹황색채소
비타민(수용성)			○	채소, 곡류, 과일류
무기질		○	○	우유 및 유제품
물			○	

4) 주요 영양소

(1) 탄수화물

탄수화물은 일반적으로 탄소, 수소, 산소로 이루어져 있으며, 체중을 감소시키는 경우도 있는데 이러한 경우 여러 가지 비정상적인 증후가 생긴다. 동물은 자신이 탄수화물을 합성하지 못하므로 식물에서 섭취하여야 한다. 과잉섭취를 하면 살이 찌고, 지방간이 생겨서 혈중 콜레스테롤이 증가하여 동맥경화 및 고혈압을 발생시킨다. 필수영양소이므로 1일 60~100g의 당질은 섭취하여야 한다.

(2) 단백질

단백질은 생물체의 몸을 구성하는 대표적인 분자로 단백질을 이루고 있는 아미노산에는 약 20종류가 알려져 있다. 이중에서 체내에서 합성되지 않기 때문에 반드시 음식물을 통해서 섭취해야 하는 아미노산을 필수 아미노산이라고 한다. 신체구성의 재료로서 가장 중요하며 인체 내에서 중량으로 보았을 때 물 다음으로 단백질이 많은 양으로 존재한다.

(3) 지방

농축된 에너지의 급원으로 당질이나 단백질에 비해 열량을 많이 낸다. 탄수화물이나 단백질보다 위 내에 남아 있는 시간이 길므로 포만감을 주며, 음식의 맛을 좋게 하고, 지용성비타민의 흡수를 돕는 기능이 있다. 포화 지방산과 불포화 지방산이 있는데, 포화지방은 인체에서 분해가 잘 안되어 나쁜 콜레스테롤를 증가시킨다. 지방은 체온 유지에 중요한 역할을 하며, 지방의 한 종류인 인지질은 세포막의 중요한 구성 성분으로 사용한다. 지방을 과잉 섭취하면 비만, 당뇨병, 심장질환의 원인이 되고, 부족하면 어지러움증, 두통, 근육 무기력 등의 저혈당 증세가 나타난다.

(4) 비타민

생체 안에서 특수한 대사기능을 하기 위하여 매우 소량이 필요한 유기물이다.

사람의 영양에 필요한 비타민은 지금까지 13종이 알려져 있다.

수용성 및 지용성 비타민의 역할과 식품원은 다음 표와 같다.

[표 2-3] 수용성 비타민의 역할과 식품원

비타민	역할	결핍증	함유식물
비타민C	콜라겐 형성 및 유지	괴혈병, 피부염증	귤, 딸기, 토마토 등 과일, 시금치, 미나리 등 야채
비타민B1	탄수화물 대사 중 에너지 방출에 조효소 역할	각기병	돼지고기, 해바라기씨, 두류, 견과류
비타민B2	탄수화물, 지질 및 단백질의 대사에 조효소 역할	구내염	육류, 우유, 유제품, 계란, 녹색채소류, 곡류 등
나이아신	탄수화물 및 지질 대사, 세포 호흡	펠레그라	육류(특히 간), 어류, 땅콩, 살코기 등
엽산	적혈구 형성, 단백질 대사에 관여	악성 빈혈, 태아의 신경관 손상 위험	과일류, 식물의 푸른잎, 두류 등

[표 2-4] 지용성 비타민의 역할과 식품원

비타민	역할	결핍증	함유식품
비타민A	생식·면역체계의 유지 호르몬 합성, 항산화작용	색소침착, 안구건조, 피부건조, 야맹증	김, 쇠간, 당근주스, 깻잎, 부추, 시금치
비타민D	칼슘과 인의 촉진 뼈의 석회화와 성장 및 정상 유지	구루병, 골연화증 및 골다공증	기름진 어류 (장어, 연어, 고등어, 정어리) 생선, 난황, 버터, 마아가린
비타민E	항산화 작용, 노화 방지	빈혈 등	콩, 옥수수, 호두, 녹색 야채
비타민K	혈액 응고	혈액 응고 장애	케일, 상추, 토마토, 양배추

(5) 무기질(minerals)

무기질은 우리 몸의 약 4%를 차지하는 극소량이지만 근육조직과 체액, 골격의 주요 성분으로 유기질을 만들고 있고 탄소, 수소, 산소, 질소를 제외한 나머지 원소를 일괄하는 것으로 미네랄이라고도 한다. 에너지원은 아니지만 여러 가지 생리기능을 조절하고, 소화액이나 세포안과 주위에 있는 체액을 만들고 유지하는 데에도 반드시 필요하다. 다량 무기질과 소량 무기질의 역할과 식품원은 다음과 같다.

[표 2-5] 다량 무기질의 역할과 식품원

종류	역 할	결핍증	함유 식품
나트륨(Na)	세포외액구성, 체액의 삼투압조절, 근육수축, 과량섭취시 고혈압	열중증, 고혈압 등	조개류, 우유, 육류, 간장, 된장 등
칼륨(K)	97% 세포내 액구성, 단백질합성관여	식욕부진, 근육경련, 불규칙적 심장박동	곡류, 채소류, 과일류, 곡류 등
칼슘(Ca)	99%가 골격, 치아구성, 혈액응고관여, 심근수축력	골다공증, 구루병 등	우유, 유제품, 녹색 채소류, 뼈째먹는 생선
마그네슘(Mg)	60%가 골격, 치아구성, 효소생산, 신경의 자극전달	신경성 근육경련 등	식물성 식품에 풍부, 견과류, 두류
인(P)	Ca, Mg과 결합, 골격, 치아형성, 열량대사관여	성장위축, 골다공증 등	거의 모든 식품, 동물의 조직 (쇠고기 등)
염소(Cl)	수분평형, 산염기평형	위액 형성, 위액의 산도조절	소금, 간장, 일부 가공식품

[표 2-6] 미량 무기질의 역할과 식품원

무기질	역할	결핍증	함유 식품
철(F)	헤모글로빈 구성	빈혈	녹색채소류, 어패류, 견과류, 두류, 육류
아연(Zn)	발육촉진, 상처치유, 태아의 정상성장 등	면역기능 저하, 성장지연	육류, 어류, 우유, 곡류, 유제품, 채소류
셀레늄(Se)	항산화기능으로 세포손상 억제, 노화방지	심근장애, 하지통	내장, 육류, 곡류, 해산물, 우유
망간(Mn)	효소 활성화기능 성장과 생식에 관여	성장지연, 생식력 저하	견과류, 채소류, 과일류, 곡류
요오드(I)	갑상선 호르몬 구성, 기초대사 촉진	갑상선 기능 감퇴	해산물
불소(F)	치아형성, 충치예방, 뼈의 무기질 손상 방지	충치	차, 해산물

(6) 물

물은 지구상에서 가장 중요한 화학물질의 하나일 것이다. 인체의 가장 많은 성분으로 체중의 약 70%를 차지한다.

한 개의 물 분자는 수소원자 2개, 산소원자 1개로 이루어져 있지만, 액체상태의 물은 수많은 물 분자들이 모여서 이루어진 것이다.

정상적인 신진대사를 수행하고, 소화기의 적정상태 유지와 소화흡수에 관여하며 체온조절을 시켜준다. 하루의 필요한 양은 성인일 경우 2L이다.

(7) 식이섬유

식생활이 서구화됨에 따라 섭취의 필요성이 강조되며, 식물의 식품에만 함유, 소화효소에 의해 소화되지 않으며, 몸에서 생성되지 않는다.

장의 연동운동 촉진, 배변활동 활성화, 변비예방, 대장암예방, 비만예방에 효과가 있다. 콜레스테롤 수치저하, 심장병, 고지혈증 예방에 좋다.

과잉섭취시에는 지나친 장 운동으로 무기질의 흡수 및 이용률이 저하된다. 부족시에는 변비, 대장암, 맹장염, 비만, 성인병 발생 위험도가 증가한다.

(8) 효소

아무리 좋은 것들을 섭취해도 효소가 없으면 영양분은 분해, 합성도 안 된다. 우리는 효소가 없다면 생명을 유지할 수 없으며, 호흡, 순환, 배설, 해독 등에 효소가 필수적이다. 체내 효소는 약 3,000여 종이며 대부분 장내세균에 의해 만들어진다. 나이가 들면서 체내 효소가 소모되므로 과일이나 야채 등 외부로부터 섭취하여 보충하여야 한다.

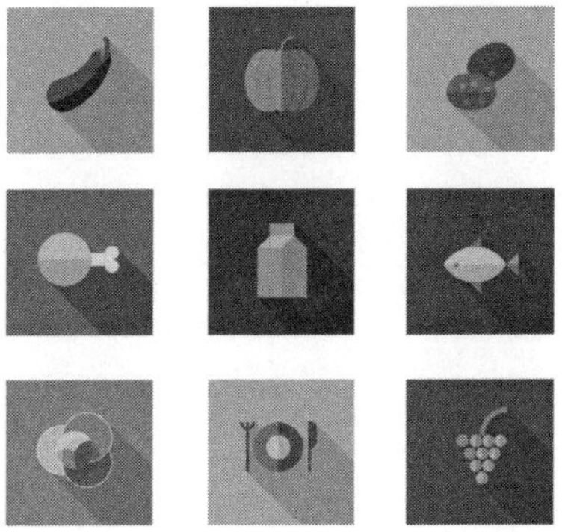

제 3 장
건강기능식품

1. 건강기능식품의 정의
2. 건강기능식품법의 제정 배경
3. 건강기능식품의 특징
4. 건강기능식품의 분류
5. 기능성 원료
6. 일반식품과 건강기능식품의 차이
7. 건강기능식품 구매방법
8. 건강기능식품 법률
9. 건강기능식품과 명현현상

Dietary Health Management

제 3 장

건강기능식품

1 건강기능식품의 정의

"건강기능식품"은 일상 식사에서 결핍되기 쉬운 영양소나 인체에 유용한 기능을 가진 원료나 성분을 사용하여 제조한 식품으로 건강을 유지하는 데 도움을 주는 식품이다. 식품의약품안전처는 동물시험, 인체적용시험 등 과학적 근거를 평가하여 기능성 원료를 인정하고 있으며, 이런 기능성 원료를 가지고 만든 제품이 "건강기능식품"이다(이상 식품의약품안전처).

1) 건강기능식품의 조건으로는 다음과 같다.

(1) 어떤 생체조절기능을 대상으로 하는지 목표가 명확해야 한다.

(2) 화학적 구조가 밝혀져 있는 기능성 인자를 함유해야 한다.

(3) 기능성 성분의 작용 메커니즘이 규명되어야 한다.

(4) 기능성 인자가 식품 중에 안정하게 유지되어야 한다.
(5) 섭취 후 기능성이 발휘되어야 한다.
(6) 안전성이 평가되고, 식품으로 받아들일 수 있어야 한다.

2 건강기능식품법의 제정 배경

건강기능식품법을 제정한 배경을 보면, 과거에는 "건강식품", "건강보조식품", "특수영양식품", "인삼제품류" 등의 용어를 사용하였으며, 식품공전이나 식품첨가물공전에 수록된 원료나 첨가물에 한하여 제조할 수 있었다. 그러나 이러한 제품은 기능성 표시나 광고가 제한적으로 허용되어 시장 형성에 제한이 컸을 뿐만 아니라 허위, 과대광고가 범람하면서 소비자 피해가 증가하게 되었다. 이에 국민의 건강증진과 소비자를 보호하고 건강기능식품의 품질향상과 건전한 유통, 판매를 도모하여 건강기능식품산업의 건전한 육성을 그 목적으로 건강기능식품법이 입법되었다(이상 식품의약품안전처). 건강기능식품법의 제정 배경은 크게 보건 정책적 측면, 경제 정책적 측면 및 법 정책적 측면으로 나눌 수 있다.

1) 보건 정책적 측면

국가가 식품의 제조와 판매를 엄격하게 관리 감독하여 식품의 안전성을 제고하고, 식품업계의 연구 및 개발을 활성화하며, 양질의 안전한 건강기능식품의 제조와 소비를 도모하기 위해 제정하였다(이상 식품의약품안전처).

2) 경제 정책적 측면

건강기능증진 효능을 가진 식품소재의 품목을 확대하고, 이를 규격화, 제도화하여 식품업계의 신소재 개발 및 천연 자원물의 이용성을 확대시킬 수 있다(이상 식품의약품안전처).

3) 법 정책적 측면

“건강기능식품”을 식품위생법에서 규정하는 “일반식품”과 차별화할 뿐만 아니라, 의약품과 명확하게 구분할 수 있는 법체계를 마련하기 위함이다. 또한 기능성을 표시하고 광고할 수 있도록 허용하여 소비자에게 알 권리를 확보할 뿐만 아니라 허위, 과대, 광고를 단속함으로써 건전한 유통질서를 확립하기 위함이다(이상 식품의약품안전처).

3 건강기능식품의 특징

건강기능성식품은 첫 번째 “기능성 원료를 함유”하고 있어야 하며, 두 번째 “일일섭취량이 표기”되어야 하며, 세 번째 “식약처장이 인정한 기능성 내용이 표시”되어 있어야 한다. 기능성 원료를 함유하고 있어야 함은 인체에 유용한 기능성 원료 또는 성분을 함유하고 있어야 한다는 것을 말한다.

[표 3-1] 식품의 기능성과 기능성 물질의 특징

분류	기능
1차 기능	영양기능 : 생명을 유지하기 위한 에너지 및 필수 영양소를 공급
2차 기능	감각기능 : 미각이나 촉감 등, 식품의 기호를 부여
3차 기능	생체조절기능 : 생리활성물질(기능성 물질)에 의한 질병의 예방 및 치료 • 신체방어 작용 강화 • 생체리듬의 조절 • 질병의 예방과 회복 • 비만 방지 • 노화 방지
생리활성물질 (기능성 성분)	• 미량으로 생체에 영향을 준다. • 반드시 섭취해야 하는 필수영양소는 아니다. • 섭취하지 않아도 결핍 증상이 나타나지 않는 비영양성분이다. • 우리 몸에서 만들지 못하므로 식품에서 얻어야 한다.

4 건강기능식품의 분류

[표 3-2] 식품과 의약품의 분류

	식품		의약품
	일반식품	건강기능식품	
관련법류	식품위생법	건강기능식품법	약사법
제형	일반식품 형태	정제, 캅셀, 분말, 과립, 액상, 환 등	정제, 캅셀, 분말, 과립, 액상, 환 등
안전절차	기준규격형	기준규격형, 개별안정형	기준규격형, 개별안정형
기능성	표시 못함	기능성 표시 기능 • 영양소 기능 표시 • 기타기능 표시 • 질병발생 위험감소 표시	유효성 표시 기능 • 질병의 진단, 치료, 경감, 처치 또는 예방 효과

식품은 크게 "일반식품"과 "건강기능식품"이 있으며, 이는 의약품과 명확하게 구분된다. 일반식품은 식품위생법으로 관리되고, 건강기능식품은 건강기능식품법으로 관리되며, 의약품은 약사법으로 각각 관리되고 있다.

5 기능성 원료

"건강기능식품"은 기능성 원료를 사용하여 제조가공한 제품으로 기능성 원료는 식품의약품안전처에서 [건강기능식품공전]DPJ 기준 및 규격을 고시하여 누구나 사용할 수 있는 "고시된 원료"와 개별적으로 식품의약품안전처의 심사를 거쳐 인정받은 영업자만이 사용할 수 있는 "개별인정 원료" 두 가지로 나눌 수 있다(이상 식품의약품안전처). 그러나 "개별인정 원료" 또한 일정한 시간과 과정을 통해 "고시된 원료"로 변경될 수 있다. 즉 고시된 원료를 이용하여 제조하면 고시형 건강기능식품이 되고, 개별인정 원료를 이용하여 제조하면 개별인정형 건강기능식품이 된다.

1) 고시된 원료

고시된 원료란 [건강기능식품공전]에 등재되어 있는 기능성 원료를 말하며, 공전에서 정하고 있는 제조 기준, 규격, 최종 제품의 요건에 적합할 경우 별도의 인정절차가 필요하지 않고 제조 판매할 수 있다. 다만 건강기능식품 제조 허가를 받은 업체만이 제조할 수 있으며, 일반식품 제조 허가를 받은 업체는 제조하려면 건강기능식품 제조 허가를 받아야 한다. 고시된 원료는 오랜 기간 그 효능과 안전성이 검증된 원료로써 영양소(비타민 및 무기질, 식이섬유 등) 등 약 83여 종의 원료가 등재되어 있다(이상 식품의약품안전처).

[표 3-3] 건강기능식품의 종류와 기능성 내용

(1) 영양소

영양소	기능성 내용
1. 비타민 및 무기질 (또는 미네랄)	
1. 비타민A	① 어두운 곳에서 시각 적응을 위해 필요 ② 피부와 점막을 형성하고 기능을 유지하는데 필요 ③ 상피세포의 성장과 발달에 필요
2. 베타카로틴	① 어두운 곳에서 시각 적응을 위해 필요 ② 피부와 점막을 형성하고 기능을 유지하는데 필요
3. 비타민 D	① 칼슘과 인이 흡수되고 이용되는데 필요 ② 뼈의 형성과 유지에 필요 ③ 골다공증발생 위험 감소에 도움을 줌
4. 비타민 E	유해산소로부터 세포를 보호하는데 필요
5. 비타민 K	① 정상적인 혈액응고에 필요 ② 뼈의 구성에 필요
6. 비타민 B1	탄수화물과 에너지 대사에 필요
7. 비타민 B2	체내 에너지 생성에 필요
8. 나이아신	체내 에너지 생성에 필요
9. 판토텐산	지방, 탄수화물, 단백질 대사와 에너지 생성에 필요
10. 비타민 B6	① 단백질 및 아미노산 이용에 필요 ② 혈액의 호모시스테인 수준을 정상으로 유지하는데 필요

11. 엽산	① 세포와 혈액생성에 필요 ② 태아 신경관의 정상 발달에 필요 ③ 혈액의 호모시스테인 수준을 정상으로 유지하는데 필요
12. 비타민 B12	정상적인 엽산 대사에 필요
13. 비오틴	지방, 탄수화물, 단백질 대사에 에너지 생성에 필요
14. 비타민 C	① 결합조직 형성과 기능유지에 필요 ② 철의 흡수에 필요 ③ 유해산소로부터 세포를 보호하는데 필요
15. 칼슘	① 뼈와 치아 형성에 필요 ② 신경과 근육 기능 유지에 필요 ③ 정상적인 혈액응고에 필요 ④ 골다공증발생 위험 감소에 도움을 줌
16. 마그네슘	① 에너지 이용에 필요 ② 신경과 근육 기능 유지에 필요
17. 철	① 체내 산소운반과 혈액생성에 필요 ② 에너지 생성에 필요
18. 아연	① 정상적인 면역기능에 필요 ② 정상적인 세포분열에 필요
19. 구리	① 철의 운반과 이용에 필요 ② 유해산소로부터 세포를 보호하는데 필요
20. 셀레늄(또는 셀렌)	유해산소로부터 세포를 보호하는데 필요
21. 요오드	① 갑상선 호르몬의 합성에 필요 ② 에너지 생성에 필요 ③ 신경발달에 필요
22. 망간	① 뼈 형성에 필요 ② 에너지 이용에 필요 ③ 유해산소로부터 세포를 보호하는데 필요
23. 몰리브덴	산화·환원 효소의 활성에 필요
24. 칼륨	체내 물과 전해질 균형에 필요
25. 크롬	(내용 없음)
26. 식이섬유	식이섬유 보충
27. 단백질	① 근육, 결합조직 등 신체조직의 구성성분 ② 효소, 호르몬, 항체의 구성에 필요 ③ 체내 필수 영양성분이나 활성물질의 운반과 저장에 필요 ④ 체액, 산-염기의 균형 유지에 필요 ⑤ 에너지, 포도당, 지질의 합성에 필요
28. 필수 지방산	필수지방산의 보충

(2) 기능성 원료

종류	기능성 내용
1. 터핀류	
1) 인삼	면역력 증진 · 피로개선에 도움을 줄 수 있음
2) 홍삼	면역력 증진 · 혈소판 응집억제를 통한 혈액흐름 · 기억력 개선에 도움을 줄 수 있음
3) 엽록소 함유 식품	피부건강 · 항산화에 도움을 줄 수 있음
4) 클로렐라	피부건강 · 항산화 · 혈중 콜레스테롤 개선에 도움을 줄 수 있음
5) 스피루리나	피부건강 · 항산화 · 혈중 콜레스테롤 개선에 도움을 줄 수 있음
2. 페놀류	
1) 녹차 추출물	항산화 · 체지방 감소에 도움을 줄 수 있음
2) 알로에 전잎	배변활동 원활에 도움을 줄 수 있음
3) 플로폴리스추출물	항산화 · 구강에서의 향균작용에 도움을 줄 수 있음
4) 코엔자임Q10	항산화 · 높은 혈압 감소에 도움을 줄 수 있음
5) 대두이소플라본	뼈 건강에 도움을 줄 수 있음
6) 구아바잎 추출물	식후 혈당상승 억제에 도움을 줄 수 있음
7) 바나바잎 추출물	식후 혈당상승 억제에 도움을 줄 수 있음
8) 은행잎 추출물	기억력 개선 · 혈행 개선에 도움을 줄 수 있음
9) 밀크씨슬(카르두스마리아누스) 추출물	간 건강에 도움을 줄 수 있음
10) 달맞이꽃종자 추출물	식후 혈당상승 억제에 도움을 줄 수 있음
3. 지방산 및 지질류	
1) 오메가-3 지방산 함유 유지	혈중 중성지질 개선 · 혈행개선에 도움을 줄 수 있음
2) 감마리놀렌산 함유 유지	혈중 콜레스테롤 개선 · 혈행개선에 도움을 줄 수 있음
3) 레시틴	혈중 콜레스테롤 개선에 도움을 줄 수 있음
4) 스쿠알렌	항산화에 도움을 줄 수 있음
5) 식물스테롤/식물스테롤 에스테르	혈중 콜레스테롤 개선에 도움을 줄 수 있음
6) 알콕시글리세롤 함유 상어간유	면역력 증진에 도움을 줄 수 있음
7) 옥타코사놀 함유 유지	지구력 증진에 도움을 줄 수 있음
8) 매실추출물	피로 개선에 도움을 줄 수 있음
9) 공액리놀레산	과체중인 성인의 체지방 감소에 도움을 줄 수 있음
10) 가르시니아캄보지아 추출물	탄수화물이 지방으로 합성되는 것을 억제하여 체지방 감소에 도움을 줌
11) 루테인	노화로 인해 감소될 수 있는 황반색소밀도를 유지하여 눈 건강에 도움을 줌

12) 헤마토코쿠스 추출물	눈의 피로도 개선에 도움을 줄 수 있음
13) 쏘팔메토 열매 추출물	전립선 건강의 유지에 도움을 줄 수 있음
14) 포스파티딜세린	노화로 인해 저하된 인지력 개선에 도움을 줄 수 있음
4. 당 및 탄수화물류	
1) 글루코사민	관절 및 연골 건강에 도움을 줄 수 있음
2) N-아세틸글루코사민	관절 및 연골 건강・피부 보습에 도움을 줄 수 있음
3) 뮤코다당・단백	관절 및 연골 건강에 도움을 줄 수 있음
구아검/구아검가수분해물	혈중 콜레스테롤 개선・식후 혈당상승 억제・장내 유익균증식・배변활동 원활에 도움을 줄 수 있음
글루코만난(곤약, 곤약만난)	혈중 콜레스테롤 개선・배변활동 원활에 도움을 줄 수 있음
귀리	혈중 콜레스테롤 개선・식후 혈당상승 억제에 도움을 줄 수 있음
난소화성말토덱스트린	식후 혈당상승 억제・혈중 중성지질 개선・배변활동 원활에 도움을 줄 수 있음
대두식이섬유	혈중 콜레스테롤 개선・식후 혈당상승 억제・배변활동 원활에 도움을 줄 수 있음
목이버섯	배변활동 원활에 도움을 줄 수 있음
밀식이섬유	식후 혈당상승 억제・배변활동 원활에 도움을 줄 수 있음
보리식이섬유	배변활동 원활에 도움을 줄 수 있음
아라비아검(아카시아검)	배변활동 원활에 도움을 줄 수 있음
옥수수겨	혈중 콜레스테롤 개선・식후 혈당상승 억제에 도움을 줄 수 잇음
이눌린/치커리추출물	혈중 콜레스테롤 개선, 식후 혈당상승 억제・배변활동 원활에 도움을 줄 수 있음
차전자피	혈중 콜레스테롤 개선・배변활동 억제・배변활동 원활에 도움을 줄 수 있음
폴리덱스트로스	배변활동 원활에 도움을 줄 수 있음
호로파종자	식후 혈당상승 억제에 도움을 줄 수 있음
5) 알로에 겔	피부건강・장 건강・면역력 증진에 도움을 줄 수 있음
6) 영지버섯 자실체 추출물	혈행 개선에 도움을 줄 수 있음
7) 키토산/키토올리고당	혈중 콜레스테롤 개선에 도움을 줄 수 있음
8) 프락토올리고당	유익균 증식 및 유해균 억제・칼슘 흡수・배변활동 원활에 도움을 줄 수 있음
5. 발효미생물류	
1) 프로바이오틱스	유산균 증식 및 유해균 억제・배변활동 원활에 도움을 줄 수 있음
2) 홍국	혈중 콜레스테롤 개선에 도움을 줄 수 있음
6. 아미노산 및 단백질류	
3) 대두단백	혈중 콜레스테롤 개선에 도움을 줄 수 있음
4) 테아닌	스트레스로 인한 긴장완화에 도움을 줄 수 있음
7. 기타류	
5) 디메틸설폰(Methylsul-fonylmethane, MSM)	관절 및 연골건강에 도움을 줄 수 있음

(출처 : 식품의약품안전처)

2) 개별인정 원료

[건강기능식품공전]에 등재되지 않은 원료로, 식품의약품안전처장이 개별적으로 인정한 원료를 말한다. 이 경우 영업자가 원료의 안정성, 기능성, 기준 및 규격 등의 자료를 제출하여 관련 규정에 따른 평가를 통해 기능성 원료로 인정 받아야 하며, 인정받은 업체만이 동 원료를 제조 또는 판매할 수 있다. 2014년 현재 약 140여 종의 기능성 원료가 있다. 다만 개별 인정된 기능성 원료는 다음 중 하나에 해당될 경우 건강기능식품공전에 등재되어 고시형 원료로 전환될 수 있다.

(1) 기능성 원료로 인정 후 품목제조/수입 신고한 날로부터 3년이 경과 하였거나 3개 이상의 영업자가 인정받은 후 품목제조/수입 신고한 경우
(2) 인정받은 자가 등재를 요청한 경우(다만 인정받은 자가 3명 이상인 경우에는 3분의 2가 요청해야 함)(이상 식품의약품안전처)

즉 개별인정 원료는 고시된 원료와 달리 영업자가 직접 개별인정 원료의 안정성, 기능성, 기준 및 규격 등의 자료를 준비해야 하며, 인체적용시험 등을 통해 그 효능과 안전성을 객관적으로 입증하는 자료를 제출해야 한다. 그러나 모든 개별인정원료 개발이 인체적용시험을 필요로 하는 것이 아니며, 인체적용시험 결과가 미비할 경우 건강기능식품의 생리활성 등급이 낮아질 수 있다. 상기 언급한 바와 같이 현재 시중에는 건강기능식품으로 허가받지 않은 많은 제품들이 보건용도나 건강기능식품 유사품으로 시중에 판매되고 있으나, 이는 인체적용시험과 같은 객관적인 연구를 통해 입증되지 않은 것이 대부분이다. 민간요법이나 과학적인 연구가 부족한 일부 전통의학에 근거한 많은 식품들 또한 건강기능식품이 아니며, 대부분은 그 효능이 미미하다.

[표 3-4] 식약처장이 인정한 개별원료 또는 성분

번호	기능성		기능성을 가진 원료 또는 성분	건수
1	간 건강	간 건강에 도움	밀크씨슬 추출물, 브로콜리 스프라우트 분말, 표고버섯균사체, 표고버섯균사체 추출물, 복분자 추출분말	5
		알코올성 손상으로부터 간 보호에 도움	헛개나무과병 추출물, 유산균발효다시마 추출물	2
2	갱년기 여성건강	갱년기 여성의 건강에 도움	석류 추출/농축물, 백수오 등 복합 추출물, 회화나무열매 추출물	3
3	관절/뼈 건강	관절 건강에 도움	가시오갈피 등 복합추출물, 글루코사민, 로즈힙 분말, 지방산 복합물, 전칠삼 추출물 등 복합물, 차조기 등 복합추출물, 초록입홍합 추출오일, 호프 추출물, 황금 추출물 등 복합물, N-아세틸글루코사민, Dimethylsufone(MSM)	11
		뼈 건강에 도움	흑효모배양액 분말, 대두이소플라본	2
4	기억력 개선	기억력 개선에 도움	녹차 추출물/테아닌 복합물, 인삼가시오갈피 등 혼합추출물, 우너지 추출분말, 은행잎 추출물, 테아닌 등 복합추출물, 피브로인 효소 가수분해물, 홍삼 농축액, 당귀 등 추출복합물	8
5	긴장 완화	스트레스로 인한 긴장 완화에 도움	유단백 가수분해물, L-테아닌, 아쉬아간다 추출물	3
6	눈 건강	눈의 피로도	빌베리 추출물, 헤마토코쿠스 추출물	2
		눈 건강에 도움	지아잔틴 추출물, 루테인복합물, 루테인에스테르	3
7	면역기능	면역력 증진에 도움	게르마늄효모, 금사상황버섯, 당귀 혼합추출물, 스피루리나, 클로레랄, 표고버섯균사체, L-글루타민, 청국장균배양정제물(폴리감마글루탐산칼륨)	5
		과민면역반응 완화에 도움	구아바잎 추출물 등 복합물, 다래 추출물, 소엽 추출물, 피카오프레토 분말 등 복합물, Enterococcus faecalis 가열처리건조분말	5
8	위 건강 / 소화 기능	소화기능 개선에 도움	아티초크 추출물	1

9	배뇨기능	방광에 의한 배뇨기능 개선에 도움	호박씨 추출물 등 복합물	1
10	요로건강	요로 건강에 도움	크랜베리 추출분말, 크랜베리 추출물	2
11	운동수행 능력	운동능력 향상에 도움	마카젤라틴화 분말, 크레아틴	2
		지구력 증진에 도움	동충하초발효 추출물	1
12	인지능력	인지능력 개선에 도움	참당귀뿌리 추출물, 포스파티딜세린	2
13	장 건강	장내 유익균 증식 및 유해균 억제에 도움	갈락토올리고당, 구아검 가수분해물, 대두올리고당, 라피노스, 락추로스파우더, 밀전분유래 난소화성말토덱스트린, 프락토올리고당, 이소말토올리고당, 자일로올리고당, 커피만노올리고당분말, 프로바이오틱스	11
		면역을 조절하여 장 건강에 도움	프로바이오틱스(VSL#3)	1
		배변활동 원활에 도움	대두올리고당, 목이버섯, 분말한천, 라피노스, 액상프락토올리고당, 이소말토올리고당, 자일로올리고당, 프로바이오틱스, 커피만노올리고당분말	9
14	전립선 건강	전립선 건강 유지에 도움	쏘팔메토열매 추출물, 쏘팔메토열매 추출물 등 복합물	2
15	체지방	체지방 감소에 도움	가르시니아캄보지아껍질 추출물, 공액리놀레산(유리지방산), 공액리놀레산(트리글리세라이드), 그린마떼 추출물, 녹차 추출물, 대두배아 추출물 등 복합물, 레몬밤 추출물혼합분말, 중쇄지방산 함유유지, 콜레우스포스콜리 추출물, 히비스커스 등 복합추출물, 깻잎 추출물, L-카르니틴 타르트레이트, 식물성유지 디글리세라이드, 키토올리고당	14
16	치아 건강	충치발생위험 감소에 도움	자일리톨	1
17	칼슘 흡수	칼슘 흡수에 도움	액상트락토올리고당, 폴리감마글루탐산	2
18	콜레스테롤	혈중 콜레스테롤 개선에 도움	대나무잎 추출물, 보리베타글루칸 추출물, 보이차 추출물, 사탕수수 왁스알코올, 스피루리나, 식물스타놀에스테르, 아마인, 알로에 추출물, 알로에 복합추출물, 창녕양파 추출액, 홍국쌀, 씨놀리놀 감태주정 추출물	12
19	피로개선	피로 개선에 도움	발효생성아미노산 복합물, 홍경천 추출물	2

20	피부건강	자외선에 의한 피부손상으로부터 피부건강을 유지하는데 도움	소나무껍질 추출물 등 복합물, 홍삼·사상자·산수유복합 추출물	2
		피부 보습에 도움	N-아세틸글루코사민, 히알우론산나트륨, 쌀겨 추출물, AP 콜라겐 효소분해 펩타이드, 지초 추출분말, 곤약감자 추출물, 민들레 등 복합추출물, Collactive콜라겐펩타이드, 핑거 추출분말	9
21	항산화	항산화에 도움	대나무잎 추출물, 메론 추출물, 복분자 추출물, 비즈왁스알코올, 코엔자임Q10, 토마토 추출물, 포도종자 추출물, 프랑스해안송껍질 추출물, 고농축녹차 추출물	9
22	혈당 조절	식후 혈당상승 억제에 도움	구아바잎 추출물, 난소화성말토덱스트린, 동결건조 누에분말, 마주정 추출물, 바나나 추출물, 솔잎증류 농축액, 알부민, 인삼가수분해 농축액, 지각상엽 추출혼합물, 쥐눈이콩 펩타이드 복합물, 콩발효 추출물, 타가토스, 탈지달맞이꽃 종자 추출물, 피니톨, 홍경천 등 복합추출물, nopal추출물, 실크단백질 효소 가수분해물	17
23	혈압조절	높은 혈압 감소에 도움	가쯔오부시 올리고펩타이드, 연어 펩타이드, 올리브잎 추출물, 정어리 펩타이드, 카제인 가수분해물, 코엔자임Q10, 해태올리고펩티드, L-글루타민산유래 GABA함유분말, 니토균배양 분말	9
24	혈중중성지방	혈중중성지방 개선에 도움	글로빈 가수분해물, 난소화성말토덱스트린, 대나무잎 추출물, 식물성유지 디글리세라이드, 정제 오징어유, 정어리 정제어유, DHA농축유지	7
25	혈행개선	혈행개선에 도움	나토배양물, 은행잎 추출물, 정어리 정제어유, 정제 오징어유, 프랑스해안송껍질 추출물, 홍삼농축액, DHA농축유지	7
총 계				175*

〈출처 : 식품의약품안전처. 2012. 12.〉

1)_ : 고시형 원료로 기능성 원료

2)* : 인정된 기능성 원료는 총 153개(2012. 12)이나, 동일한 원료에서 2개 이상 기능성이 인정된 경우가 포함되어 합산되었음

3) 원료의 정의 및 규격

원료의 정의에서 기능성 원료란 동물, 식물, 미생물 기원의 원재료를 그대로 가공한 것 또는 이들의 추출물 또는 정제물, 정제물 합성물 및 이들의 복합물로 규정하고 있다. 영양소는 건강기능식품공전에 등재된 합성품 또는 식품에서 추출한 것으로 합성품은 식품첨가물공전의 기준 및 규격에 적합한 것을 말한다. 그리고 기타원료란 기능성을 표시하지 않고 사용되는 원료로서 식품첨가물, 식품원료 및 기능성 원료(단, 기능성 원료는 섭취량 미만으로 사용하여야 함) 등을 말한다. 건간기능식품공전에서 원료의 규격은 원재료의 기준, 기능성 원료의 제조방법, 기능성분(지표성분)의 함량과 제조 시 유의사항 등이 포함된다. 제품의 규격은 제품의 규격(원료성, 최종제품)과 최종 제품의 섭취량 및 기능성 내용을 포함한다(이상 식품의약품안전처).

[표 3-5] 건강기능식품의 기능성 구분

<table>
<tr><th>기능성 구분</th><th colspan="2">기능성 내용</th></tr>
<tr><td>영양소 기능</td><td colspan="2">인체의 정상적인 기능이나 생물학적 활동에 대한 영양소의 생리학적 작용</td></tr>
<tr><td rowspan="5">생리활성 기능</td><td colspan="2">인체의 정상기능이나 생물학적 활동에 특별한 효과가 있어 건강상의 기여나 기능향상 또는 건강유지·개선을 나타내는 기능
※ 과학적 근거 정도에 따라 3가지 등급으로 구분</td></tr>
<tr><td>기능성 등급</td><td>기능성 내용</td></tr>
<tr><td>생리활성기능 1등급</td><td>○○에 도움을 줌</td></tr>
<tr><td>생리활성기능 2등급</td><td>○○에 도움을 줄 수 있음</td></tr>
<tr><td>생리활성기능 3등급</td><td>○○에 도움을 줄 수 있으나 관련 인체 적용시험이 미흡함</td></tr>
<tr><td>질병발생
위험감소 기능</td><td colspan="2">질병의 발생 또는 건강상태의 위험감소와 관련한 기능</td></tr>
</table>

〈출처 : 식품의약품안전처〉

(1) 질병발생 위험 감소기능

현재까지 식품의약품안전처에서 “질병 발생 위험 감소 기능” 허가를 받은 품목은 제품 표면에 “골다공증 발생 위험 감소에 도움을 줌” 표시를 할 수 있는 “칼슘”과 “비타민D” 두 종류만 있다. 참고로 건강기능식품으로써 칼슘은 일일 섭취량 210~800㎎이며, 비타민 D는 일일 섭취량이 1.5~10㎍로 규정하고 있다(이상 식품의약품안전처).

(2) 생리활성기능

인체의 구조 및 기능에 대하여 생리학적 작용 등과 같은 보건 용도에 유용한 효과로 24개의 기능성이 있다.

[표 3-6] 생리활성기능의 종류

번호	기능성 분야	번호	기능성 분야	번호	기능성 분야
1	기억력 개선	9	관절/뼈 건강	17	칼슘흡수 도움
2	혈행 개선	10	전립선 건강	18	요로 건강
3	간 건강	11	피로 개선	19	소화 기능
4	체지방 감소	12	피부 건강	20	항산화
5	갱년기 여성 건강	13	콜레스테롤 개선	21	혈중중성지방 개선
6	혈당 조절	14	혈압 조절	22	인지 능력
7	눈 건강	15	긴장 완화	23	운동수행능력 향상 / 지구력 향상
8	면역 기능	16	장 건강	24	충치발생위험감소

(3) 영양소 기능

영양소 기능을 가진 건강기능식품은 비타민 및 무기질, 단백질, 식이섬유 및 필수지방산 등이 해당된다.

6 일반식품과 건강기능식품의 차이

식품은 크게 3가지 기능을 가지고 있는데, 첫 번째 기능은 생명을 영위하는데 필요로 하는 영양소를 섭취하는 목적이다(1차 기능). 두 번째 기능은 맛, 향, 색 등과 같은 감각적 기호적인 기능이며(2차 기능), 세 번째 기능은 건강을 유지하거나 건강을 증진시키는 생체조절기능(3차 기능)이다. "식품위생법"에서 관리되는 "일반식품"의 역할은 식품의 1차 기능과 2차 기능에 해당되며, "건강기능식품법"에서 관리되는 "건강기능식품"의 역할은 식품의 3차 기능에 해당된다(이상 식품의약품안전처). 따라서 "건강식품", "건강기능식품", "천연식품" 등과 같은 명칭을 가진 식품들은 [건강기능식품]과 다르다(이상 식품의약품안전처).

언론매체나 상인 또는 주변인들에 의해 건강에 좋다고 알려져 있다고 해서 건강기능식품이 되는 것은 아니며, 규정과 절차를 거쳐 효능이 과학적으로 검증된 제품으로 식품의약품안전처에서 허가를 받고 [건강기능식품]이라는 문구 또는 인증마크를 받은 식품만이 건강기능식품이다.

① **일반식품** : 기능성 표시가 있으며, 식품위생법 적용 대상이다.
② **건강기능식품** : 기능성 표시가 없으며, 건강기능식품법 적용 대상이다.

7 건강기능식품 구매방법

1) 나에게 꼭 필요한 기능성이 무엇인가 생각한다.

(1) 제품 표면에 표시된 [영양, 기능정보]를 확인한다.
(2) 내 몸에 알맞은 기능성을 갖춘 제품을 지혜롭게 선택한다.

2) [건강기능식품]이라는 문구 또는 마크가 있는지 확인한다.

(1) 식품의약품안전처에서 인정·사고가 된 제품만 제품 포장에 [건강기능식품]이라는 표시 또는 도안이 있으며, 제품 앞면에 이러한 표시가 없다면 식품의약품안전처에서 인정한 것이 아니다.
(2) 제품 앞면에 먼저 [건강기능식품]이라는 문구 또는 마크가 있는지 확인한다.
(3) 제품 앞면에 문구 또는 마크가 없는 제품은 유사건강식품으로 무분별하게 사용하며 건강을 해칠 수 있다.
(4) 수입품의 경우 한글로 표시되어 있지 않다면 식품의약품안전처를 거쳐 정식 수입된 것이 아니다.

3) 믿을 수 있는 표시 · 광고인지 확인한다.

(1) 기능성을 인정받은 건강기능식품은 소비자에게 판매되기 전 제품 포장에 표시를 하거나 광고를 하게 된다. 이때 표시 · 광고하는 내용에 대해서 사전심의를 받아야 한다.

(2) 사전심의를 통과한 제품은 "사전심의필 도안"을 사용할 수 있다.

(3) 방송매체, 인쇄매체, 인터넷 등을 통한 표시 · 광고에 대하여 사전심의를 통과한 제품들은 방송 중 자막 또는 멘트 등의 방법으로 "이 광고는 기능성 표시 · 광고 심의위원회의 심의를 받은 내용입니다." 등의 방법을 사용할 수 있다.

4) 안전한 섭취방법을 알아야 한다.

(1) 건강기능식품은 일반식품과 달리 섭취량과 섭취방법이 정해져 있으므로 반드시 확인하고 이를 지켜야 한다. 또한 많이 섭취한다고 기능성이 더 좋아지는 것은 아니다.

(2) 건강기능식품에는 많은 성분들이 포함되어 있으므로 여러 제품을 동시에 섭취할 경우 각각의 성분들이 흡수를 방해하거나 부작용을 초래할 수 있다.

(3) 제품 표면에 표기된 "섭취 시 주의사항"을 확인하고 그에 합당하게 섭취한다.

(4) 의약품을 복용하고 있는 경우에는 의사와 먼저 상의한다. 의약품과 건강기능식품을 함께 복용할 경우 예상치 못한 부작용이 발생할 수 있다.

5) 우수한 품질인가를 알아야 한다.

(1) [GMP]마크를 먼저 확인한다.

(2) [우수건강기능식품제조 기준(Good Manufacturing Practice, GMP)]은 건강기능식품의 품질을 보증하기 위한 제조 및 품질관리 기준으로, 제조 및 품질관리가 우수한 업소는 "GMP" 인증 도안을 사용할 수 있다.

(3) "GMP" 인증 도안이 있는 제품을 구매하면 좀 더 우수한 품질의 건강기능식품을 구매할 수 있다. 다만 "GMP"인증을 받지 못한 업체라고 해서 잘못된 것은 아니다.

6) 건강기능식품의 유통기한이 충분한지 확인한다.

(1) 자신이 섭취할 기간을 고려하여 유통기한이 충분히 남은 제품을 구매하여야 한다.

(2) 제품 표면에 기재된 저장이나 보관방법을 잘 따라야 한다.

7) 건강기능식품 관련 정보의 검색은 식품의약품안전처 건강기능식품 홈페이지(http://www.foodnara.go.kr/hfoodi/)에서 검색한다.

(1) 제품명, 업소명, 신고번호, 기능성 원료 등 건강기능식품 관련 정보를 검색하여 올바른 구매와 섭취를 할 수 있도록 한다.

8 건강기능식품 법률

제1장	[총칙] 총칙, 책무, 정의
제2장	[영업] 종류, 시설기준, 허가, 신고, 교육 등
제3장	기준, 규격, 원료인정, 표시 광고, 공전
제4장	[검사] 출입·검사·수거, 자가품질검사
제5장	[GMP]
제6장	[금지] 위해, 기준규격 위반, 표시기준 위반, 유사표시
제7장	[심의위원회] 심의위원회, 단체 설립
제8장	[행정제재] 시정명령, 폐기처분, 시설개수명령
제9장	타 법률관계, 국고보조, 포상금, 권한위임, 수수료
제10장	[벌칙] 벌칙, 양벌규정, 과태료, 특례

시행령	과징금 산정기준, 과태료
시행규칙	시설기준, 수입신고, 영업자준수사항, 허위·과대 표시·광고 범위, 수거량, 자가품질검사기준, GMP 기준 행정처분기준 과징금 부과 제외대상, 수수료 과태료 부과기준
고시	• 건강기능식품공전 • 건강기능식품 인정에 관한 규정 • 건강기능식품 기능성 원료 인정에 관한 규정 • 건강기능식품 표시 및 광고 심의 기준 • 건강기능식품의 표시기준 • GMP 제조 기준 • 수입 건강기능식품 신고 및 검사 세부처리 규정 • 자가품질검사 업무처리 기준 • 건강기능식품에 관한 법률 위반행위 신고 포상금 운영지침 • 건강기능식품에 사용할 수 없는 원료 등에 관한 규정

건강기능식품 법률은 10장으로 나누어져 있으며, 하위 법령으로 “시행령”, “시행규칙”, 및 “고시”로 구분하고 있다.

9 건강기능식품과 명현현상

1) 정 의

주로 한의학을 포함한 보완대체의학에서 쓰여지는 용어이다.

건강기능식품을 복용하다보면 일정기간동안 발생되는 현상을 말하며 호전반응인 것이다.

자연요법, 해독 등을 자연치유로 하다보면, 질병을 일으키는 독소에 의해 약해진 인체의 여러 조직과 세포들이 생체 활성에너지와 반응하여 체내에서 빠져나온 독소와 노폐물이 증가하면서 일시적으로 몸이 더 나빠졌다가 다시 좋아지는 현상을 총칭하여 명현현상이라고 한다.

2) 증 상

① 몸살과 통증을 호소한다.

대표적인 현상으로 저체온 사람들에게서 많이 나타난다. 이는 영양흡수가 어렵기에 효소반응이 늦기 때문이다.

또한 몸살로 저체온을 항상성 시키기 위해 체온이 상승하면서 노폐물과 독소를 제거하는 과정의 부산물로 증상이 없어진 후에는 몸이 상당히 가벼워짐을 알 수 있다.

② 체온상승과 땀이 날 수 있다.

이는 건상식품의 영양분이 잘 흡수되는 현상으로 인체가 에너지를 만드는 과정에서 열이 2, 3일 정도 발생한다.

땀에서 나오는 냄새는 독소를 배출하면서 나타나는 현상이다.

③ 졸음과 나른함이 나타날 수 있다.

몸에서 세포를 재생할 때 나타나는 현상이다. 이어서 잠이 들게 되면 지친 세포들도 휴식을 취하고, 잠에서 깨어나면 세포에서 발생한 노폐물과 찌꺼기들이 제거된다.

④ 부종을 일으킬 수 있다.

혈액순환이 빨라지고 뇌하수체가 영양을 처리하기 위해 물을 필요로 하게 된다. 이때 신장에서 다 처리하지 못하면서 부종이 나타난다.

그러나 영양소의 일부를 섭취하게 되면 시간이 지나면서 수분을 적적히 조절해준다.

⑤ 변비와 설사를 할 수 있다.

장의 오래된 숙변들이 배출되면서 갑자기 변비현상이 나타난다. 설사 역시 장 속의 유해균을 내려 보내기 위한 증상으로 장의 기능을 정상화시키려는 호전반응인 것이다.

⑥ 잦은 방귀가 나올 수 있다.

음식물의 부산물이 최종 머무르는 곳으로 단백질과 지방음식을 과도하게 섭취하였을 경우 흡수가 안 되므로 부패해서 독소를 만들어낸다.

건강식품을 복용하면서 배출하는 과정에서 나타나는 현상으로 이후에는 장이 건강해진다.

⑦ 소변색의 변화나 거품이 날 수 있다.

거품이 나고 색깔이 변화한다는 것이나 거품은 정화시키기 위한 것으로 배뇨 이후에는 몸이 가벼워진다.

⑧ 손, 발가락 저림현상이 나타날 수 있다.

혈액순환이 개선되는 호전반응 현상으로 막혀 있던 혈관이 뚫어지면서 나타나는 증상이다.

⑨ 피부발진현상이 나타날 수 있다.

발진은 간과 대장을 해독시키면서 나타나는 것으로 몸 안의 독소가 밖으로 배출되는 현상이다.

⑩ 혈압, 당뇨, 콜레스테롤 수치가 일시적으로 상승할 수 있다.

혈전 등의 혈관에 붙어있는 물질들이 떨어져나가면서 나타나는 현상이다.

또한 세포와 혈관에 붙어있던 찌꺼기들이 일시적으로 개선되면서 떨어져 나오면 수치가 급상승한다. 몇 차례 오르내리기 반복한다. 염려할 필요 없고 건강은 좋아진다.

⑪ 잠이 오지 않는 경우가 있다.

뇌에 영양이 공급되면서 뇌가 균형을 맞추려는 호전반응이다.

⑫ 심장두근거림, 구토증상을 수반할 수 있다.

혈관이 깨끗해져서 혈류량이 증가하기 때문이다.

제 4 장
피부미용과 건강

1. 피부의 기초
2. 피부의 분석과 유형
3. 피부와 영양
4. 피부질환
5. 피부와 광선
6. 클렌징과 딥 클렌징
7. 매뉴얼테크닉
8. 피부유형별 화장품
9. 팩과 마스크
10. 기초화장품

Dietary Health Management

제 4 장

피부미용과 건강

1 피부의 기초

1) 피부관리의 중요성

피부는 외면의 아름다움을 표현할 뿐 아니라 내면의 건강상태를 나타낸다.

피부는 신체의 가장 큰 기관으로 여러 생리기능을 수행한다. 피부건강은 영양상태, 육체적·정신적 스트레스 등 환경에 의해 크게 영향을 받는다.

영양적으로 균형 있는 식사는 피부를 아름답고 건강하게 하지만, 영양소가 결핍되거나 과잉된 식사, 잘못된 식습관, 생활습관, 운동부족 등은 모두 피부건강에 바람직하지 못하다.

영양상태가 원활하지 않으면 각종 피부질환이 많이 생긴다. 그러므로 건강한 피부를 위해서는 영양소가 골고루 함유된 식사와 운동 등을 통해 좋은 생활습관을 유지하는 것이 중요하다.

2) 피부의 구조와 기능

피부는 신체의 말단부위로 외부 환경에 대응하는 방어벽으로서의 역할뿐 아니라, 피부 미용적으로도 중요한 역할을 한다. 표피, 진피, 피하지방층으로 구성되어 있으며, 각 층마다 구조와 기능이 다르다.

(1) 표피의 구조와 기능

피부의 제일 바깥층으로, 외부 환경에 대한 첫 번째 방어선이 된다. 표피 조직은 신경말단이나 혈관을 포함하지 않지만, 확산으로 물질교환이 이루어지며, 각질형성세포, 멜라닌세포, 랑게르한스세포 및 머컬세포가 존재한다.

① 각질층

㉠ 표피의 가장 바깥층이며 무핵층

㉡ 케라틴, 각질세포간 지질, 천연보습인자(N.M.F)가 주성분

㉢ 외부 독성물질, 물리적 충격에 대한 생체방어기능

㉣ 피부 표면의 탄력성 유지와 피부 손상 방지에 매우 중요한 역할

② 투명층

㉠ 무핵층, 엘라이딘이라는 물질이 존재하여 투명하게 보이며 수분침투 방지 역할

㉡ 주로 손・발바닥에서 관찰

③ 과립층

㉠ 무핵층, 각질화 과정이 본격화 되는 층, 케라토 히알린 생성

㉡ 체내 수분, 이물질 침투 방지 및 수분 유출 방지 역할

④ 유극층

㉠ 유핵층, 표피 중 가장 두터운 층

㉡ 랑게르한스세포 존재, 림프액이 물질대사 관여

⑤ 기저층

㉠ 유핵층, 모세혈관으로부터 영양공급을 받아 새로운 세포 생성

㉡ 각질 형성세포와 멜라닌 형성세포 존재

(2) 진피의 구조와 기능

피부의 대부분을 차지하는 강하고 유연성 있는 결합조직으로, 교원섬유와 탄력섬유로 구성된다. 피부의 탄력, 수분저장, 피부재생기능을 하며 섬유아세포, 비만세포, 식세포 등이 있고, 모세혈관, 림프관, 신경, 피지선, 한선 등이 존재하면서 중요한 역할을 담당한다.

① 유두층

표피에 영양공급, 산소운반, 신경전달을 하며, 피부의 팽창과 탄력에 관여

② 망상층

㉠ 진피의 대부분을 차지

㉡ 교원섬유와 엘라스틴 섬유가 매우 치밀하게 구성

㉢ 모세혈관은 거의 없으며 혈관, 림프관, 피지선, 한선, 신경 등이 복잡하게 분포

㉣ **랑거선** : 피부의 방향선이라 하며, 항상 일정한 방향으로 배열되어 있어 수술시 상처 유무에 중요

(3) 피하지방층

진피 하부에 위치하며, 진피조직보다 두꺼운 층

① 외부충격 방어, 체온보호, 수분조절, 탄력성 유지, 에너지 저장 기능

② 두께와 분포는 성별, 연령, 신체의 영양상태, 부위 등에 따라 다름

③ 여성이 더 두꺼우며, 몸의 굴곡을 만듦

④ **셀룰라이트** : 피하지방의 과다축적으로 혈관에 압력을 받아 혈액과 림프액의 순환장애로 발생하는 오렌지 껍질처럼 울퉁불퉁한 피부상태

3) 피부의 생리적 기능

(1) 보호작용

① **화학적 장벽의 기능** : 세균, 미생물, 자외선으로부터 보호(피지막, 케라틴, 멜라닌 색소)

② **물리적 장벽의 기능** : 외부의 자극이나 압력, 충격, 마찰 등으로부터 몸을 보호(케라틴에 의한 저항력, 진피의 탄력성, 피하지방층의 쿠션 역할)

③ **생물학적 장벽의 기능** : 병원균이나 이물질에 대한 항체를 생산, 면역을 강화(표피의 랑게르한스세포와 진피층에 있는 대식세포)

(2) 체온조절 작용

모세혈관의 확장과 수축, 한선의 땀 분비와 수축으로 체온조절

(3) 감각작용

① 신체위험을 인식하여 즉각 대처하는 작용

② 마이너스소체, 머켈소체, 파시니수용체가 관여

(4) 분비 및 배설작용

땀, 피지

(5) 흡수작용

① 각질층, 모공과 피지선을 통해 흡수

② 연령, 피부온도·상태, 기온, 습도, 혈류량, 물질의 분자량과 크기, 점도에 따라 흡수량 차이

(6) 비타민 D 합성작용

자외선 조사시 비타민 D 합성 – 뼈의 발육과 성장에 관여

(7) 저장작용

지방, 수분, 영양물질 저장

(8) 재생작용

각화현상에 따른 복구기전, 피부이식, 깊은 상처시에는 흉터

4) 피부의 부속기관

(1) 한선

① 특징

㉠ 진피의 망상층에 존재

㉡ 신체부위에 따라 다른 분포

㉢ 체온의 조절, 노폐물 분비, 피부의 각질층을 습하게 하여 마찰력 감소

② 종류

㉠ 에크린선(소화선)

ⓐ 입술과 음부를 제외한 전신에 걸쳐 분포하는 신체의 주요한 한선

ⓑ 손바닥, 발바닥, 겨드랑이, 이마, 서혜부, 코 부위에 특히 많이 분포

ⓒ pH 4.5~5.6으로 약산성인 무색, 무취의 맑은 액체

㉡ 아포크린선

ⓐ 개인의 독특한 체취선

ⓑ 서혜부, 겨드랑이, 배꼽주위, 유두주위에 주로 분포

(2) 피지선

① 수분 증발억제 작용과 윤기와 광택을 더해주는 역할

② 피지선에서 분비되는 피지의 양은 1~2g/1일 정도

③ 발바닥과 손바닥, 아랫입술(무 피지선)을 제외한 몸의 대부분에 존재

④ 전신(작은피지선), 얼굴, 가슴, 등, 어깨, 두피(큰 피지선), 입술, 대음순, 성기, 유두, 귀(독립 피지선)에 존재

⑤ 안드로겐, 나이, 질병, 다른 기관의 기능장애에 영향을 받음

⑥ 피지선의 크기나 활동성은 사춘기 때 급속하게 증가되며 남성은 60대부터 여성은 40대부터 감소 – 여드름 발생

(3) 모발

① 특징

㉠ 자외선, 공해, 물리적 자극으로부터 보호작용, 중금속 배출작용

㉡ 전신에 130만개, 두피에 10만개 정도 분포

㉢ 인종, 연령, 성별, 부위에 따라 수와 굵기 등의 차이

㉣ 하루에 0.03cm, 한 달에 1~1.5cm 성장

② 구조

㉠ 모간부 : 피부를 경계로 위쪽 모발에 해당하는 부위

ⓐ 모표피 : 모발의 가장 바깥부분으로 비늘모양, 보호역할

ⓑ 모피질 : 모발의 85~90% 차지, 모발의 색상을 결정하는 멜라닌색소 함유

ⓒ 모수질 : 모발의 중심부에 구멍난 벌집형태의 세포, 모발의 수분함량에 관련

- 모발의 형태별 구분 : 직모(동양인), 반곱슬 (파상모, 백인), 곱슬(축모, 흑인)
- 모발의 굵기에 따른 구분 : 경모, 연모(솜털)
- 모발의 길이에 따른 구분 : 장모(긴털, 두발, 수염, 겨드랑이), 단모(짧은털, 눈썹, 콧털)

㉡ 모근부 : 피부를 경계로 아래쪽에 해당되는 부위, 체온조절, 외부물질에 대한 방어벽

ⓐ 모구 : 모근의 아래쪽에 둥근모양을 형성

ⓑ 모유두 : 모구중심부에 모발의 영양과 세포분열에 관계

ⓒ 모모세포 : 모유두와 접하는 세포, 세포의 분열과 증식에 관여, 새로운 모발

형성

ⓓ 기모근(입모근) : 교감신경에 의해 수축하면서 털을 세움

㉢ 모발성장의 3단계

ⓐ 성장기 : 모발의 80~90% 차지, 모모세포가 분열을 통해 새로운 모발을 만들고 성장하는 시기

ⓑ 퇴화기 : 모발의 1% 차지, 새로운 모발을 만들어내지 않아 성장을 멈추는 시기

ⓒ 휴지기 : 모발의 14~15% 차지, 모낭과 모유두가 완전히 분리되어 성장을 멈추고 모유두가 동그랗게 변하는 시기

(4) 손·발톱(조갑)

① 케라틴이라는 단백질로 구성

② 손가락과 발가락 끝을 보호하는 역할, 물건을 잡는데 도움을 줌

③ 인체의 건강상태를 나타내는 한 부분

④ 한달 평균 3mm 정도 성장

⑤ 외적요인으로 에나멜이나 에나멜 리무버의 작용에 의한 탈수, 탈지작용 및 비누, 세제에 의한 탈지 등으로 인해 조갑의 이상증상 초래

2 피부의 분석과 유형

1) 피부 분석의 일반적 방법

고객의 피부를 분석하여 피부유형 분류, 올바른 매뉴얼테크닉이나 화장품의 사용에 도움을 줌

① **피부조직** : 두께와 입자의 균등도에 따라 구분

② **수화기능** : 보습상태에 따라 구분

③ **피지분비** : 피지분비상태에 따라 구분

④ 그 외 민감도, 모공, 피부결, 순환, 색소, 안색 등으로 피부 유형 구분

2) 피부 변화의 요인들

① 내・외적 요인들에 의해 변화됨
② 의약품, 내부 기관장애 : 항생제, 피임약, 호르몬제
③ 신체 내의 호르몬 변화 : 임신
④ 자외선에 의한 과도한 손상 : 피부의 건성화, 노화촉진
⑤ 지나친 냉・난방 등의 물리적 자극
⑥ 잘못된 생활습관 : 수면 부족, 과도한 스트레스, 운동부족, 설사, 변비 등
⑦ 잘못된 식습관 : 단백질, 비타민 결핍, 설탕 또는 지방 등과 니코틴, 카페인 과다 섭취

3) 고객의 피부분석

(1) 피부분석의 목적 및 효과

① 피부분석의 목적
㉠ 피부분석은 피부관리를 받기 위한 고객에서 피부유형에 따른 적절한 관리를 위한 첫 번째 단계로서 피부상태를 체크하는 것
㉡ 관리 전에 피부의 유・수분도, 모공・피지의 정도, 민감도 등을 정확한 피부분석을 통하여 고객상태에 맞는 올바른 관리가 이루어질 수 있음
㉢ 고객관리를 위해 피부관리에 드는 제품과 관리방법, 비용에 대한 설명이 가능

② 피부분석 효과
㉠ 정확하고 과학적인 피부분석을 통하여 고객에게 신뢰감을 줌
㉡ 피부분석을 통하여 피부의 문제점과 개선 방향을 찾아내고 앞으로의 관리방향을 제시

(2) 피부분석방법

① 문진(問診)

㉠ 고객에게 질문을 하고 답변에 의한 자료를 판독하는 방법

㉡ 생활습관, 수면의 정도, 식사, 과로상태, 성격, 환경, 병력, 연령, 직업 등을 질문하여 답을 상세히 기록

② 촉진(觸診)

피부를 만져보거나 눌러봄으로써 각질화 상태, 피지량 정도, 피부의 조직과 탄력정도, 피부두께, 피부의 수분보유량 등을 판독하는 방법

③ 견진(見診)

육안으로 보거나 확대경, 우드램프 등을 통해 피부조직의 입자나 모공크기, 피부결(각질 정도, 솜털의 양), 색소 침착 상태, 피부투명도, 건조상태, 피지분비 상태, 모세혈관 상태, 예민정도, 안색, 주름(눈, 입, 미간), 혈액순환 상태 등을 판독하는 방법

④ 기기를 이용한 피부분석

㉠ 우드램프(Wood Lamp)

ⓐ 인공자외선 파장을 이용하여 피부상태를 분석

ⓑ 장파장의 자외선을 사용하여 형광의 빛을 통해 피부 속 내부까지 볼 수 있음

ⓒ 다양한 형광색으로 피부상태를 판독할 수 있음

ⓓ 밝은 공간보다는 어두운 공간에서 사용할 때 정확하고 확실한 형광색을 볼 수 있음

㉡ pH측정기 : 피부의 pH를 측정

㉢ 스킨 스캐너(Skin Scanner) : 피부의 보습상태를 분석

㉣ 마이크로 카피(Micro-Copy) : 피부상태를 분석

㉤ 피하지방 측정기 : 지방의 상태를 분석

㉥ 확대경(Magnifying Lamp) : 육안의 3.5~5배율의 확대경을 통해 잔주름, 색소침착, 면포 등의 피부상태를 분석

⑤ 피부분석시 유의사항

㉠ 피부상태는 내적, 외적 요인에 따라 다르므로 같은 유형이라도 유의해서 살핌

㉡ 전문적인 세안단계가 끝난 후 피부분석

㉢ 확대경, 우드램프 사용시 세안 후 아이패드로 눈을 보호하고 피부를 분석

㉣ 외관 관찰시 유사해도 개인차를 감안하여 세부적으로 신경을 씀

4) 피부의 유형

(1) 정상피부

① 미적, 기능적인 부분에서 조화를 이룬 가장 이상적인 피부상태

② 생리기능의 정상으로 수분과 유분의 적절한 균형상태

③ 피부결이 섬세하고 부드럽고 매끄러움

④ 코 주위로 작은 모공이 보이나 고르고 매끈하여 약간의 블랙헤드가 있기도 함

⑤ 볼 주위로 핑크빛 혈색

⑥ 탄력성 있음, 잔주름, 기미, 잡티 등의 색소침착 없음

⑦ 계절, 연령 등에 따라 피부 변화 많음

⑧ 현재 상태를 보호하고 오래 유지시키는 것이 관리 포인트

(2) 건성피부

① 특징

㉠ 수분과 유분 부족 피부, 연령의 증가로 인한 자연적 변화 상태

㉡ 피부결 섬세, 피부조직이 얇고 피부의 윤기가 없어 메마른 상태

㉢ 모공이 작아서 거의 보이지 않으며, 세안 후 당김 증상(특히 입가, 눈가에 심함)

㉣ 탄력 없고 잔주름, 알레르기 반응, 민감한 반응, 색소침착, 염증반응 잘 보임

㉤ 관리 포인트는 수분 공급과 함께 피지분비를 정상화시켜 주는 것임

② 종류

㉠ 수분부족 건성피부 : 땀샘의 기능저하 혹은 피부속의 수분양이 부족한 상태

ⓐ 표피수분부족피부 : 젊은층에 많이 나타나고, 표피의 수분부족으로 보습과 수분증발 방지관리

ⓑ 진피수분부족피부 : 노화피부에 많이 나타나고, 진피 속의 엘라스틴이 탄력을 잃은 상태

㉡ 유분부족 건성피부 : 피지선의 기능이 저하된 피부상태

㉢ 수분과 유분 부족피부 : 땀샘과 피지선의 기능 저하, 노화속도 빠름

(3) 지성피부(Oily Skin)

① 특징

㉠ 안드로겐의 영향에 의한 피지선의 기능발달로 피지량이 많은 피부유형

㉡ 주로 10대에서 20대 초반 사춘기 때나 남성들에게 많이 나타남

㉢ 피부결이 거칠고 울퉁불퉁하며, 두께가 두껍고 투명감이 없음

㉣ 모공이 크고 불규칙이며, 모공 속 노폐물로 인해 지저분해 보임

㉤ 블랙헤드, 화이트헤드 존재

㉥ 여드름 등의 피부 트러블, 칙칙한 피부 동반 가능성이 높음

㉦ 피부 저항력이 강하고, 윤기와 탄력이 있어서 잔주름, 표정주름이 잘 안생김

㉧ 피지분비 조절, 염증성 병변의 전이 예방, 모공확장으로 인한 피부문제가 관리 포인트

② 종류

㉠ 유성지루성 피부

ⓐ 과다 피지분비로 모공확장이 된 피부

ⓑ 세균에 대한 저항력이나 방어능력이 약한 피부

㉡ 건성지루성 피부

ⓐ 땀샘의 기능이 저하되어 수분이 부족한 피부

ⓑ 피부 당김이 있고 쉽게 자극을 받는 피부

(4) 복합성피부

① 피지분비가 균형을 이루지 못하여 두 가지 이상의 피부 형태가 동시에 나타난 피부
② T존은 유분감이 있고, 여드름과 뾰루지의 가능성 많음
③ U존은 건성화되어 잔주름, 기미, 색소침착이 나타나기도 함
④ T존과 U존은 상태에 따라 보습과 피지조절 등 따로 관리하도록 함

(5) 민감성 피부

① 유수분이 부족하고 각질 탈락 주기가 빨라 보호기능이 떨어진 피부상태
② 계절, 환경의 변화와 물리적 화학적 자극에 민감한 반응을 보이고 가려움증이 잘 나타남
③ 피부결은 곱고 섬세하나 피부조직이 얇고 외부자극에 쉽게 반응
④ 모공이 거의 보이지 않으며 , 잔주름이 생기기 쉽고, 색소침착의 가능성 높음
⑤ 문진을 통한 사전상태를 파악하여, 알러지 피부, 자극받은 피부, 손상받은 피부 구분
⑥ 보습과 피부진정, 최소한의 자극을 원칙으로 관리

(6) 모세혈관 확장피부

① 모세혈관이 늘어져 있는 상태
② 피부가 흰 사람에게 잘 보이고 조직이 얇음
③ 피부결이 얇고 아주 섬세한 편이며, 피부두께도 얇음
④ 모공은 거의 보이지 않음
⑤ 실핏줄, 건조, 당김, 외부 온도에 민감
⑥ 보습과 진정, 혈관 강화를 목적으로 관리

(7) 여드름피부

① 특징

㉠ 모낭 염증성 병변
㉡ 폐쇄면포, 개방면포로 구분

ⓒ 크기에 따라 농포, 구진, 결절, 낭종으로 구분
ⓔ 피부결은 대체로 거칠고, 피지분비가 많고 피부가 지저분한 편
ⓜ 염증, 흉터, 민감 반응, 홍반, 건조화가 동반된 경우 많음
ⓑ 염증이 나타난 여드름은 완전히 화농된 후 올바른 방법으로 적출
ⓢ 항균, 소독, 소염, 진정에 중점을 두어 관리
ⓞ 여드름의 근본 원인에 따라 보습, 피지조절 등의 관리 병행
ⓙ 여드름 관리 후에는 흉터 및 색소관리에 초점을 두어 프로그램 설정

② 원인

㉠ 피지의 과다분비
㉡ 건조로 인한 각질층의 과탈락
㉢ 호르몬의 영향: 안드로겐, 프로게스테론
㉣ 여드름균의 모낭침입
㉤ 잘못된 화장품 선택
㉥ 유전
㉦ 변비
㉧ 스트레스

③ 종류

㉠ **면포성 여드름** : 폐쇄성 여드름, 개방형 여드름
㉡ **구진성 여드름** : 붉은 여드름, 경미한 염증 동반
㉢ **농포성 여드름** : 고름집 여드름, 구진과 달리 안에 농을 포함

(8) 노화피부

① 유·수분이 부족하여 피부가 얇음
② 탄력이 없고 외부자극에 대한 면역력이 떨어져 있음
③ 색소침착이 생기고 피부톤이 고르지 못함
④ 평소에 피부표면이 당기고 피부의 두께는 얇아지고 표면이 까칠해 보임
⑤ 건조화와 함께 예민화가 동반됨

(9) 아토피피부

① 피부의 자극에 아주 민감

② 원인과 증상이 불분명하고, 다양한 형태의 양상이 나타남

③ 예민성을 동반한 건성피부처럼 보임

④ 예방법

㉠ 습도는 50~60%, 온도는 18~22℃로 항상 일정하게 유지

㉡ 의복 및 침구류는 면제품으로 사용하며, 트러블 발생 시 손톱으로 긁지 않음

㉢ 땀으로 인한 가려움증이 나타나지 않도록 항상 뽀송뽀송한 상태를 유지

㉣ 가려움을 유발하는 음식물이나 알레르기 유발 음식물의 섭취를 자제하고 과일이나 채소 등을 많이 먹음

㉤ 카펫사용을 금하고 애완동물을 기르지 말고, 진공청소기를 사용

㉥ 피로와 스트레스를 최소화하여 증상이 악화되지 않도록 함

㉦ 알레르기를 일으키는 주요 요인을 찾도록 노력

4) 카드 작성

(1) 고객카드

① 고객의 생활습관을 파악하여 관리계획을 세움

② 생활습관에 따른 유의사항과 개선방향을 제시

③ 과거 병력에 따른 피부관리시의 유의사항을 파악

(2) 피부분석카드

① 피부타입을 진단하여 적합한 피부관리 계획을 세움

② 피부타입에 따른 알맞은 제품을 선정

③ 고객의 피부개선을 위하여 조언을 할 수 있음

(3) 피부관리카드

① 피부관리계획에 따른 진행여부를 파악

② 홈케어의 관리상태와 피부의 개선과 문제를 파악

③ 피부관리 계획이 적절히 수행되고 있는지 판단

④ 관리 전과 후의 피부의 변화 상태를 기입하여 개선상황을 파악

3 피부와 영양

1) 피부 및 체형관리 영양

(1) 피부와 영양의 관계

① 피부는 림프계와 혈관계로부터 영양 공급

② 영양상태 좋을시

피부조직의 정상적 기능 발휘, 혈색 · 얼굴 빛 좋음

③ 영양 결핍시

㉠ 진피층의 콜라겐과 엘라스틴이 약화. 탄력저하

㉡ 피하지방 세포 얇아져 피부층의 함몰 야기

㉢ 모낭염, 뾰루지, 건조화, 색소침착, 모세혈관 확장증

㉣ 모발 건조, 탈색, 심하면 탈모

㉤ 손, 발톱 얇아지고 약해짐. 에그쉘 네일. 커리제이션 네일

(2) 체형과 영양의 관계

① 특징

㉠ 하루에 필요한 영양소와 열량은 연령, 체격, 활동량 등에 따라 각기 다름

㉡ 자신의 기초 대사량과 활동량을 계산하여 적절한 영양소 섭취가 중요

㉢ 부족시 : 저체중증, 근무력증, 피로

㉣ 과다 섭취시 : 비만, 여러 가지 성인병의 원인

② 비만의 원인

유전, 질병, 에너지 섭취와 소비의 불균형, 스트레스, 식사습관

③ 비만의 분류

㉠ **원인별 :** 단순성 비만(섭취>소비), 증후성 비만(질병, 유전)

㉡ **분포별 :** 상반신 비만, 하반신 비만, 내장지방형 비만, 피하지방형 비만

④ 비만증 관리

㉠ **식이요법 :** 지방과 탄수화물의 섭취를 줄이고, 양질의 단백질 섭취를 늘림. 충분한 수분과 무기질, 비타민 섭취, 저염식 식사를 소량으로 자주함

㉡ **운동요법 :** 체조직 구성의 변화, 산소운반능력 증가, 심리적 스트레스 감소

㉢ **행동요법 :** 생활방식을 올바로 분석하여 자연적으로 과잉의 음식섭취를 막음

㉣ **비만관리 :** 전신림프메뉴얼테크닉, 사우나, 저주파기기, 초음파기기, 슬림기기 이용, 지방분해효소크림, 아로마오일, 테이프나 붕대요법 등

(3) 적절한 미용 식이와 칼로리

① **칼로리 :** 신체가 일을 하기 위해 사용되는 에너지의 작은 단위(성인 여성은 하루 평균 2000kcal, 성인 남성은 2500kcal 소모)

② **기초 대사량 :** 생명유지를 위한 최소한의 에너지량(보통 1600kcal)

③ 피부세포의 성장 및 증식을 위해서는 적절한 영양분의 종류와 양이 필요

④ 식품은 계절식, 조화식, 완전식, 선택식, 적량식의 방법으로 선택한다.

⑤ **약알칼리 식품 :** 감자, 양배추, 버섯, 완두, 호박, 연근, 두부, 사과, 배, 복숭아

4 피부질환

1) 피부질환

(1) 물리적 인자에 의한 피부질환

외부에서 가해진 여러 물리적 자극에 의한 손상으로 인한 이상증후

① 열에 의한 피부질환

㉠ **화상** : 신체가 흡수할 수 있는 에너지의 양보다 많은 양에 노출될 때 발생, 화상 정도에 따라 1도·2도·3도·4도 화상으로 구분

㉡ **한진** : 땀띠, 한관이나 한관구가 폐쇄되어 땀이 배출되지 못하고 축적되어 발생

㉢ **열성홍반** : 열에 장기간 지속적으로 노출된 후 발생, 망상의 과색소성반

② 한랭에 의한 피부질환

㉠ **동창** : 한랭에 의한 비정상적 국소적 염증반응으로 가장 가벼운 상태

㉡ **동상** : 피부조직이 얼어 국소혈액공급이 없어진 경우, 피부조직 괴사로 조직 손실 가능성 있음. 동상정도에 따라 1도·2도·3도·4도 동상

㉢ **망상 청피반** : 피부 온도변화와 관계되어 그물모양의 청색반을 형성하는 질환

㉣ **한랭 두드러기** : 찬공기, 찬물, 얼음에 노출되는 경우 두드러기 발생

③ 기계적 손상에 의한 피부질환

㉠ **굳은살** : 압력에 의해 생기는 국한성 과각화증

㉡ **티눈** : 굳은살과 달리 각화가 심한 중심핵 있음

㉢ **욕창** : 지속적인 일정한 압력을 받는 부위의 궤양상태

㉣ **마찰성 수포** : 압력과 마찰을 같이 받는 부위에 생기는 수포나 대수포

㉤ **방사선 피부염** : 엑스선이나 라듐 동위 원소, 피부에 쬐어 일어나는 염증성 병변

④ 이물질 반응 : 문신, 실리콘 육아종(파라핀종)

2) 피부염

(1) 특징

① 습진, 피부에 염증이 생긴 것

② 외부의 요인에 의한 것과 체질과 관계된 내부적 요인이 있음

③ 급성기 : 가려움증을 동반한 수포, 홍반, 부종

④ 만성기 : 태선화, 인설, 피부색의 변화

(2) 접촉성 피부염

① 외부물질과의 접촉에 의하여 발생되는 피부염

② 원발형 접촉 피부염 : 일정한 농도와 자극시 거의 모든 사람에게 발병, 주부 습진

③ 알레르기성 접촉 피부염 : 특수물질에 감작된 특정인에게만 나타나는 질환

④ 광 알레르기성 피부염 : 광선과 원인 물질이 만나서 발생되는 질환

(3) 아토피 피부염

태열, 가려움을 동반한 만성 염증성 피부질환

(4) 지루성 피부염

만성 염증성 피부질환, 노란색 내지 붉은 색의 병변과 함께 누런 기름을 잔뜩 머금은 비듬 같은 딱지들이 판을 이루며, 인설현상이 주 특징

3) 세균성 피부질환

(1) 모낭염

황색포도상구균에 의해 모낭에 생기는 작은 염증

(2) 전염성 농가진

포도상구균이나 화농성 연쇄상구균에 감염되어 발생, 전염성이 매우 강한 질환

(3) 절종과 옹종

① 모낭염이 발전한 것으로, 심해지고 커지면 절종(종기)

② 두 개 이상의 절종이 합해져서 염증이 생기면 옹종

(4) 단독과 봉소염

용혈성 연쇄구균에 의해 발생

(5) 소와각질 융해증

① 발 냄새의 주요 원인균인 소와각질 융해증 균주에 의해 감염되는 질환

② 발바닥이나 발가락의 각질층에 작은 홈이 패이고 아주 심한 악취가 남

4) 바이러스성 피부질환

(1) 단순포진

점막이나 피부를 침범하는 급성 수포성 질환

(2) 대상포진

① 수두 바이러스가 원인

② 외상, 종양, 세포성 면역력이 저하시 몸 한쪽에 띠 모양으로 포진과 함께 동통유발

(3) 수두

주로 어릴 때 발생하는 비교적 가벼운 질환

(4) 전염성 연속종

흔히 물사마귀

(5) 사마귀

① **심상성 사마귀** : 가장 흔한 것으로 사지의 말단, 특히 손가락 · 손톱주변 · 손등에

다발

② **편평 사마귀** : 눈썹, 눈가, 이마, 뺨 주위, 턱을 중심으로 목, 가슴, 손등에 다발

③ **수장, 족저 사마귀** : 손, 발바닥에 다발

④ **성기 사마귀** : 성기 또는 항문주위 피부나 점막에 발생

(6) 홍역

전염성이 매우 높은 급성 발진성 바이러스 질환

(7) 풍진

급성발진과 림프절 종대가 특징인 질환

5) 진균성 피부질환

진균류(곰팡이균)에 의해 발생하는 피부질환

(1) 족부백선

① 일명 무좀

② **지간형** : 발가락 사이에 생기는 가장 흔한 형태로 제3, 4지 사이에 호발

③ **소수포형** : 발바닥, 발바닥 주변부를 따라 소수포가 생김

④ **각화형** : 발바닥이 두껍게 각화되며 건조되어 균열을 형성

(2) 조갑백선

① 손, 발톱에 피부 사상균이 침입하여 발생, 조갑 진균증

② 조갑 특유의 광택을 잃고 노랗게 변하거나 두꺼워지고 부스러지며 울퉁불퉁해짐

(3) 칸디다증

주로 피부, 점막, 손·발톱에 생겨 표재성 진균증을 일으킴

(4) 어루러기

① 인체의 상부인 겨드랑이, 가슴, 등, 복부 등 피지가 많은 곳에 잘 나타남

② 미세한 각질과 선명한 경계선이 나타나며, 주변 피부색보다 짙거나 옅은 병변

6) 모발 및 두피관련 질환

(1) 두피의 유형

① **정상두피** : 두피의 모든 생리작용이 정상적인 상태, 톤이 맑고 투명한 청백색

② **건성두피** : 유・수분이 부족하여 건조한 상태를 나타내는 두피

③ **예민성두피** : 외부자극에 민감, 조직 섬세, 얇아 확장된 모세혈관 두드러짐, 붉은톤

④ **지성두피** : 과잉피지분비, 투명감 없는 약간 누르스름한 톤, 누렇고 끈적한 비듬

⑤ **지루성(염증)두피** : 과잉피지분비, 염증, 떡비듬, 표면은 붉고 예민, 탈모의 주원인

⑥ **복합성 두피** : 두피가 부분적으로 다른 형태, 주로 건성과 지성이 함께 나타남

⑦ **비듬성 두피** : 피티로스포룸균의 이상증식에 의한 것으로, 죽은 각질세포들이 쌓여 있는 상태

㉠ 건성 비듬성 두피 : 건성 두피의 특징 + 하얗고 건조한 각질이 많이 쌓이는 두피

㉡ 지성 비듬성 두피 : 지성 두피의 특징 + 끈적하고 누런 각질 덩어리가 쌓이는 두피

(2) 탈모의 유형

① **원형 탈모증** : 지름 1~2cm 정도 크기의 탈모반

② **남성형 탈모증** : 모발성장을 억제하는 남성호르몬이 유전적 요인을 자극할 때 나타남. M자형, O자형, U자형

7) 조갑의 질환

(1) **조갑 감입증** : 발톱이 살 속으로 파고들어 자라는 증상, 염증과 통증 동반

(2) **끝이 갈라지는 조갑** : 손톱의 앞부분이 양파 껍질처럼 층상으로 벗겨짐

(3) 흰 반점이 생기는 조갑

(4) 조갑의 성장지체
(5) 구부러진 조갑
(6) 두꺼운 손톱과 발톱
(7) 줄무늬가 생기는 조갑

5 피부와 광선

1) 광선의 종류가 피부의 미치는 영향

(1) 적외선

① 긍정적 효과

㉠ 신진대사의 증가, 노폐물의 배출로 혈액순환 촉진, 신세포 생성 촉진
㉡ 저항력 강화, 식균작용, 근육 이완, 영양 침투
㉢ 이 외에 적외선 등, 적외선 사진, 리모콘 작동, 악성종양의 진단, 화학공업에서의 물질 분석, 미사일의 유도 등에 이용됨

② 부정적 효과

색소침착, 물집, 부종 등이 생길 수 있으며, 강한 열 조사시 조직 파괴의 가능성이 있음

(2) 가시광선

① 컬러테라피, 라이트테라피, 라는 이름의 대체요법
② 빛 자체가 신진대사 촉진, 통증완화, 혈관확장
③ 우울증이나 불면증과 같은 정신과 질환, 내분비질환, 피부질환, 비만치료 등에 응용

(3) 자외선

① 일광 민감도

㉠ 옷을 입은 상태에서 차단성분 없이 45~60분간 광선에 노출되었을시 나타나는 반응을 말함

㉡ 저외선에 의한 피부반응은 인종별, 개인별 차이에 따라 다양함

㉢ 유형별 피부에 대한 색소 침착 반응이나 화상 반응정도 파악

㉣ 피부건강 유지, 미용적인 측면에서 참고표로 이용

② 자외선의 긍정적 효과

㉠ **비타민 D 합성** : 구루병과 다른 칼슘부족의 증상 예방

㉡ **살균효과** : 피부상처나 감염치료에 효과적, 공기소독

㉢ **강장효과** : 식욕・수면증진, 신경성・자극성 감소, 호르몬의 생산자극, 혈구증가

㉣ **피부치료에 응용** : 여드름 피부, 건선치료, 궤양치료, 동상치료

③ 자외선의 부정적 효과

㉠ 홍반반응, 일광화상, 광노화, 잔주름, 기미, 주근깨, 색소침착, 피부염

㉡ 일광두드러기, 다형광발진, 일광알레르기, 광독성 피부염, 피부암

ⓐ **홍반반응** : 혈관벽의 투과력 증가로 혈관확장으로 인해 홍반을 초래함

ⓑ **일광화상** : 홍반, 부종과 함께 오한과 발열 같은 전신증상이 발생하기도 함

ⓒ **색소침착** : 멜라닌의 양 증가, 색소의 변화를 증가시킴

ⓓ **광노화** : 조기노화, 두꺼워진 표피, 랑게르한스셀의 수 감소, 세포의 면역성 감소

ⓔ **피부암** : 피무에 생긴 악성 종양

ⓕ **광독성 피부염** : 광과민성 물질에 노출시 누구에게나 발생할 수 있음

ⓖ **일광알레르기** : 면역체계의 반응에 의한 광과민 반응

ⓗ **다형광발진** : 자외선 자체에 면역반응을 일으켜 발생하는 발진

ⓘ **일광두드러기** : 자외선 자체에 민감반응을 보여 발생하는 두드러기

2) 피부색과 멜라닌

(1) 피부색

① 멜라닌, 헤모글로빈, 카로틴 등의 34가지 색소에 의해 결정됨

② 피부의 색은 개인별, 인종별, 신체부위별로 차이남

③ 멜라닌 소체의 크기에 따라 백인종, 유색인종, 흑인종의 인종차이를 보임

(2) 멜라닌의 이해

① 멜라닌은 피부, 모구, 눈의 망막, 뇌막에서 만들어짐

② 기저층에 위치하면서, 일정량의 자외선을 차단하여 인체를 보호하는 역할을 함

③ 유멜라닌 : 흑색, 페오멜라닌 : 살색

④ 멜라닌세포는 각질세포와 함께 피부 사이클의 주기성에 따라 함께 떨어져 나감

(3) 과색소 침착 기전

UV 등의 자극 → 티로신의 생성 증가 → 구리와 결합된 티로시나제 효소 활성화 → 도파 → 도파퀴논 → 유멜라닌 급속 생성 → 색소침착 유발

3) 색소 이상증

(1) 색소 증가 현상

자외선, 화장품, 임신, 스트레스, 경구 피임약 등 인체의 내적인 불균형과 반복적인 외부 자극이 원인이 됨

① 주근깨

㉠ 대략 1~3mm 정도의 경계선이 뚜렷한 흑색, 갈색 반점, 작란반, 하일반

㉡ 흰피부에 잘 생기고 봄과 여름에 더욱 두드러져 보이나, 정확한 원인은 미확인 됨

㉢ 치료 : 자외선 차단 철저, 레이저, 화학적 박피술, 미백

② 기미

㉠ 연한 갈색 혹은 흑색의 반점, 간반

㉡ 주로 30~40대 중년여성 호발, 뺨, 눈 주위, 이마, 콧등에 잘 발생함

㉢ 재발의 경향이 있고, 봄, 여름 등 햇빛이 강해지는 계절에 더 진해짐

㉣ 임신성 기미 : 여성 호르몬(에스트로겐), 황체 호르몬(프로게스테론)의 증가, 불균형적인 식생활, 정신적 스트레스 등이 원인

㉤ 치료 : 자외선 차단, 미백제, 영양공급, 필링제

③ 모반

㉠ 흑자(점) : 색소반, 단순성 흑자, 노인성 흑자, 일광성 흑자, 악성 흑자

㉡ 색소성 모반 : 갈색이나 흑갈색의 색소 반, 색상이 짙은 편이며 경계부위도 뚜렷함

㉢ 혈관성 모반 : 붉은 점, 모세혈관의 비정상적 확장, 새로운 혈관 발생, 화염상 모반, 딸기상 혈관종, 해면상 혈관종

④ 지루각화증

㉠ 50세 이후의 중·노년층, 일광 노화 현상, 노인성 반점, 검버섯

㉡ 색소밀집현상이 뚜렷함, 얼굴·목·손·팔다리 등 햇빛 노출 부위에 많이 생김

⑤ 베를로크피부염

알레르기성을 유발하는 성분에 의해 생기는 반점

⑥ 릴안면흑피증

㉠ 멜라닌색소의 침착에 의해 피부가 흑갈색·회갈색을 띠는 증세

㉡ 유색인종, 40대 이후의 여성에 많이 발생

㉢ 원인 : 영양결핍, 화장품의 특정 성분

⑦ 애디슨병

부신피질의 질병으로 얼굴, 외음부, 겨드랑이, 배꼽, 손, 잇몸, 입술 등에 나타남

⑧ 오타씨모반

㉠ 눈 주위, 구강점막, 안구결막 부위에 발생하는 청색반

㉡ 대부분 출생시부터 존재하며 일생동안 지속됨(레이저 치료 가능)

(2) 색소 결핍현상

① 특징

㉠ 선천적으로 피부 일부에 색소세포 기능이 없거나 질병에 의해 색소세포가 파괴, 손상되었을 경우 발병

㉡ 자가 면역 질환자, 신경 손상, 극심한 스트레스 후 발병되기도 함

② 종류

㉠ 백반증

ⓐ 경계가 확실한 하얀 점으로 손등, 얼굴, 팔 등에 나타나는 현상

ⓑ 심상성 백반 : 자율신경계나 자가면역의 이상으로 자각증상 없이 전신에 불규칙적으로 발생함

ⓒ 노인성 백반 : 40세 이후의 노화피부에 나타나며, 전신이 불규칙적으로 탈색됨

ⓓ 화학성 백반 : 산화방지제 등의 화학적 성분이 멜라닌합성을 방해하여 나타나는 현상

㉡ 백색증(알비니즘)

ⓐ 유전질환의 한 종류로 소량의 색소를 가지거나 색소가 전혀 없음

ⓑ 전신성 백색증 : 피부, 모발, 눈 등의 색소 결손, '안피부 백색증' 이라고도 함

ⓒ 안성 백색증 : 눈의 색소 결핍현상으로 눈부심, 시력장애증상을 보임, 피부, 모발에는 이상없음

ⓓ 부분성 백색증 : 안증상은 없고, 모발과 피부에 부분적 색소 결손을 보임

㉢ 백반 백피증 : 피부와 모발이 선천적으로 백색임

4) 과색소 관리법

피부 손상의 최대의 적은 자외선임

(1) 올바른 광선 노출

① 야외활동, 장시간의 컴퓨터 사용, 강한 조명 등에 노출될 경우에는 자외선 차단제 및 차단 안경, 모자 등을 사용함

② 오전 10~오후 2시 사이는 외출을 삼가함

③ 해수욕장, 스키장 등에선 더욱 철저하게 차단해야함

④ 자외선 지수 체크

(2) 자외선 차단제

① 유해한 자외선으로부터 피부의 직접적인 접촉을 피하도록 차단성분을 함유한 크림을 말함

② 개개인의 피부 민감도, 광선에 대한 피부 노출시간, 계절 등에 따라 달리 선택

③ SPF는 자외선B를 차단하는 효과를 지수로 나타낸 것(SPF 1 = 대략 10~15분)

＊SPF = 자외선 차단제품을 사용하지 않았을 때의 최소 홍반량(MED)

④ MED = 자외선이 피부에 최초홍반을 나타내는 최소한의 자외선의 양

⑤ PA는 자외선 A를 차단하는 효과를 지수로 나타낸 것

(PA+ = 2~4시간 미만, PA++ = 4~8시간 미만, PA+++ = 8시간 차단)

⑥ UVA, UVB 둘다 파단되는 제품이 좋음, 일년 365일 꾸준히 사용해야 함

⑦ 외출 30분 전 기초화장품의 마지막 단계에서 적당량을 바름

⑧ 광선의 강도, 지속 시간에 따른 광선의 양, 광선의 파장, 개개인의 피부 민감도에 따라 사용법을 달리해야함

(3) 피부의 미백

① 멜라닌세포를 자극하는 호르몬(황체호르몬, 부신피질호르몬 등)의 분비를 억제

② 미백 효과 성분들을 사용하여 티로시나아제의 작용을 억제 [알부틴, 코직산, 감초 추출물, 상백피 추출물, 밤 껍질 추출물, 레몬 추출물, 수세미 추물, 닥나무 추출물,

플라센타(태반추출물) 등]

③ 비타민 C를 이용하여 도파의 산화를 억제

④ 각질제거제를 이용하여 색소침착된 표피의 각질세포를 탈락시킴(AHA, BHA, 약초 필링, 크리스탈 필링 등의 각질제거제)

⑤ 적절한 농도의 하이드로퀴논을 사용하여 멜라닌 세포를 감소, 사멸시킴

6 클렌징과 딥 클렌징

1) 클렌징의 목적 및 효과

(1) 클렌징의 목적

① 피부 유형에 적합한 제품을 선택하여 피부 표면에 묻은 먼지나 이물질, 땀과 메이크업의 잔여물 등 노폐물을 제거

② 노폐물을 제거함으로써 피부의 호흡을 원활하게 함

③ 포인트 메이크업 클렌징과 안면 클렌징으로 구분하여 시술

(2) 클렌징의 효과

① 묵은 각질을 연화시켜 각질제거가 용이

② 피부의 생리적 기능을 도와 혈액순환을 촉진

③ 화장품의 유효성분등의 흡수를 도와줌

2) 클렌징제품의 분류

(1) 오일타입

① 물에 쉽게 유화되는 친수성 클렌징 오일

② 콜레스테롤, 세사미 오일(참깨 오일), 피넛 오일(땅콩 오일), 등이 주성분

③ 자극이 거의 없으며, 색조메이크업까지도 완벽하게 지움

(2) 에멀젼타입

① 부드러운 로션 타입으로 식물성 오일이 함유

② 자극이 적으며, 붉고 예민하며 건조한 피부에 적합

(3) 젤타입

① 거품이 많이 나는 폼 클렌징 개념의 클렌징

② 지성, 복합성 피부에 효과적이며 스티머와 함께 사용하면 효과가 큼

(4) 파우더타입

① 효소 성분 함유로 여드름, 색소핌착 피부에 사용

② 각질 제거와 클렌징이 한 번에 가능하며 우수한 세정력이 있음

③ 화이트닝 개념의 파우더 클렌징

④ 적당량을 물과 혼합하여 충분히 거품을 내어 스티머와 함께 사용

⑤ 막혀 있던 모공을 열어 깨끗한 피부를 만듬

(5) 크림타입

① 유분이 많이 함유되어 있어 짙은 메이크업을 하였을 때 사용

② 유분이 많아 제거할 때는 티슈를 사용하여 유분을 제거한 후에 따뜻한 해면으로 닦아냄

③ 유분이 많은 파운데이션을 사용하였거나 무대분장 등의 메이크업을 제거할 때는 반드시 이중세안을 하여야 하는 번거로움이 있음

3) 클렌징 방법

(1) 포인트 메이크업 클렌징

① 정의

클렌징의 첫 단계로 눈과 입술의 유성 색소 성분을 효과적으로 제거할 수 있는 눈과 입술 리무버를 사용하여 아이섀도, 마스카라, 눈썹, 아이라인, 입술을 닦아내는 과정

② 순서

㉠ 화장솜에 클렌저 도포하기 → ㉡ 눈과 입술에 화장솜 올리기 → ㉢ 아이섀도와 눈썹지우기 → ㉣ 마스카라 지우기 → ㉤ 아이라인 지우기 → ㉥ 입술 지우기

(2) 안면 클렌징

① 정의

㉠ 색조메이크업과 피부표면의 먼지, 이물질 등을 제거하는 과정

㉡ 청량감을 통한 기분전환과 막힌 모공을 열어 주는 피부의 위생과정

② 방법

피부유형에 적합한 클렌징 제품을 선택하여 안면에 도포한 후 손끝으로 가볍게 약 2~3분 정도 다음 순서대로 문지름

㉠ 손에 제품을 덜어 이마, 볼, 코, 턱, 목에 도포

㉡ 전체적으로 부드럽게 펴 바름

㉢ 목을 위로 쓸어주고 양 볼을 부드럽고 돌려줌

㉣ 콧망울은 중지로 쓸어올림

㉤ 콧등과 이마는 쓸어 올려줌

㉥ 눈 주위와 입 주위는 돌려줌

㉦ 관자놀이에서 압을 주며 마무리

(3) 클렌징 후 처리

① 티슈

유분이 많이 함유된 크림타입을 사용하였을 때 사용

② 해면

유분이 적은 로션타입, 젤타입을 사용하였을 때 사용

③ 습포

㉠ 온습포

ⓐ 피부 온도를 상승시켜 혈액순환을 원활하게 하고 피부의 신진대사를 촉진

ⓑ 모공을 확장시켜 노폐물을 배출

ⓒ 각질의 연화와 피지분비를 원활하게 함

ⓓ 세포를 활성화시켜 영양흡수를 도와줌

ⓔ 근육이완을 도움

㉡ 냉습포

ⓐ 모공을 수축시켜 피부에 탄력을 주고 자극받은 피부를 진정시킴

ⓑ 혈관을 수축시켜 염증과 소양증을 완화시킴

ⓒ 피부 관리의 마무리 단계, 필링 후 자외선에 자극을 받은 피부, 모세혈관 확장피부에 사용

㉢ 사용법

ⓐ 습포를 코 아래에 대고 양끝을 손으로 당겨 감싸줌

ⓑ 코를 막지 말고 삼각형 모양으로 올려 얼굴을 쌈

ⓒ 지압을 함

④ 화장수

㉠ 화장품의 잔여물과 세안제를 제거하고 피부결을 정돈

㉡ 피부에 적당한 수분을 보충하여 보습효과를 높임

㉢ 모공을 수축시키고 피부를 진정시킴

㉣ 바르는 순서

ⓐ 화장수를 충분히 적신 솜을 검지와 약지 사이에 끼워서 잡고 눈꺼풀에서 눈아래 방향으로 닦음

ⓑ 이마를 좌・우로 나누어 횡으로 닦음

ⓒ 광대뼈와 볼을 양쪽, 좌・우로 나누어 피부결을 따라서 닦음

ⓓ 턱과 목을 아래에서 위로 닦음

4) 딥 클렌징의 목적 및 효과

(1) 과다 노화 각질을 자연스럽게 표피로부터 떨어져 나가게 함
(2) 각질세포의 정상 분열을 촉진하여 진피의 세포를 활성화함으로써 주름을 방지
(3) 피부층의 흡수장벽을 완화시켜 화장품의 흡수를 도움
(4) 피지가 모낭 밖으로 원활히 배출되도록 도와줌
(5) 클렌징의 효과가 있으며 혈색을 맑게 함
(6) 피부표면을 매끈하게 해줌
(7) 각질세포 제거 후에 영양 제품의 흡수를 촉진시킴
(8) 트리트먼트의 효율성을 극대화함

5) 딥 클렌징의 방법

구분	내 용
물리적 방법	• 흑설탕, 소금, 녹두가루, 맥반석, 등의 자연적 재료를 이용하여 노화된 각질을 제거 • 미세한 알갱이를 인공적으로 만들어 사용 • 여드름 피부나 기미, 미백에 효과가 큼 • 맥반석 파우더는 노폐물이나 피지 등의 흡착, 제거 능력이 탁월
화학적 방법	• 각질층에 부착되어 있는 오래된 피지나 노화 각질을 가수분해하거나 이온화를 일으켜 분해시키는 방법 • 화학적으로 합성된 유효성분들을 함유한 화장품을 사용하여 각질을 제거 • 효소 등이 있음
의학적 방법	• 화학적 약품이나 기기를 이용하여 노화각질층을 미세하게 제거하는 방법으로 피부 박피술이라고 함

6) 딥 클렌징의 종류

종류	특징 및 사용법
스크럽 제품	• 스크럽이란 문지르다, 비비다, 제거하다 등의 의미가 있음 • 대부분 알갱이가 있으며 아몬드, 살구씨, 조개껍질, 밀기울 등을 이용 • 민감한 피부는 되도록 피하고 3분 정도 물을 적셔주며 문지름
고마쥐 제품	• 얼굴에 바른 후 건조되면 근육의 결 방향으로 밀어냄 • 여드름 피부나 노화피부에 사용하면 좋음 • 크림을 너무 건조시키면 문지르기 어렵고 피부의 건조를 유발
크림, 젤 타입 제품	• 눈과 입술 주위는 피하고 붓을 이용하여 일정한 두께로, 안쪽에서 바깥쪽으로 아래에서 위의 방향으로 도포
파우더 제품	• 효소제로 수분과 온도에 의해 활성화되므로 효소활성이 유지될 수 있는 거리에서 얼굴에 직접 약한 스팀을 분사하는 것이 효과적 • 적당량의 물과 함께 충분한 거품을 낸 후 안면에 도포 • 브러시를 이용하여 매뉴얼테크닉하듯 가볍게 문지름

7) 딥 클렌징시 주의사항

(1) 민감성 피부나 염증, 농포, 다른 개방성 상처 부위에는 하지 않음

(2) 모세혈관 확장증이 있는 부위는 제외

(3) 지나치게 자주하면 유분과 수분을 잃을 수 있음

(4) 중성(정상)피부는 주 1회, 모공이 넓고 유분이 많은 피부는 주 2회, 건성피부는 2주에 1회 정도가 적당

(5) 각질세포가 연화될 때 따끔거리는 증세가 있을 수도 있음

(6) 시술 후 뾰루지가 동반될 수 있는데 이것은 각질제거로 인해 잠재되어 있던 염증이나 노폐물이 열린 모공을 통해 배출된 것

(7) 수포 발생 시에는 그 부위를 젖은 솜으로 닦고 진정 스킨토너를 스프레이 하거나 화장솜에 적셔 부분 마스크를 하는 것이 좋음

(8) 피부가 예민한 상태에서 딥 클렌징하면 얼굴에 상처가 생기고 진물이 흐르거나 가피가 생길 수 있으므로 진정 스킨토너를 화장솜에 묻혀 문제 부위를 닦고 재생용 앰플을 발라 줌

(9) 시술 후엔 모공 관리 제품과 스킨로션, 영양크림, 수분크림 등으로 보습을 함
(10) 각질제거를 하면 피부 보호를 위해서 멜라닌 색소가 과다 생성되므로 자외선 차단제를 꼭 발라주어야 함

7 매뉴얼테크닉

1) 매뉴얼테크닉의 개념

(1) 매뉴얼은 '손으로 하는', '수공의' 라는 의미와 '지침서', '안내서' 라는 의미를 가짐
(2) 피부미용에서의 매뉴얼은 '손으로 하는', '수공' 이라는 뜻에 기술을 합하여 매뉴얼테크닉이라 말함
(3) 손의 움직임을 이용하여 안면이나 전신에 기술을 행하여 근육의 이완과 혈액순환 및 림프순환 등의 효과를 볼 수 있는 수기요법
(4) 피부유형과 연령에 따라 기본 매뉴얼테크닉의 혼합 여부와 동작의 횟수, 강약, 적용시간을 달리 시행함

2) 매뉴얼테크닉의 목적

(1) 조기 노화를 예방하고 피부노화를 지연시킴
(2) 피부를 정상으로 유지하고 관리 할 수 있음
(3) 문제성 피부를 정상피부로 개선・완화시킴
(4) 건강하고 아름다운 피부를 유지하고 관리할 수 있음
(5) 스트레스를 완화할 수 있음

3) 매뉴얼테크닉의 효과

(1) 신진대사를 활성화하고 생리기능을 정상화함

(2) 혈액순환과 림프순환을 원활히 해줌

(3) 노폐물을 배출시키는데 도움을 줌

(4) 근육을 이완하고 긴장과 통증을 경감시킴

(5) 피부조직의 긴장과 탄력을 증가시킴

(6) 심리적 안정과 기분전환 및 긴장을 풀어줌

(7) 화장품의 피부 흡수율을 도움

(8) 심리적 안정을 줌

(9) 노후된 각질을 제거함

4) 매뉴얼테크닉의 시술시 유의사항

(1) 개인차를 고려하여 강한 테크닉을 한 부위에 장시간 하지 않도록 함

(2) 안면관리 시 매뉴얼테크닉의 시술은 15~20분 정도로 하고 전체 60분을 넘지 않도록 함

(3) 지나치게 강한 자극으로 통증을 유발하지 않아야 함

(4) 건강 상태를 체크하여 악성종양, 심장질환, 전염성 질환, 화농성 피부염, 안정을 요하는 사람에게는 관리를 금함

(5) 모든 동작은 근육의결에 따라 행해져야 함

(6) 시술자의 손은 따뜻하고 부드러워야 함

5) 매뉴얼테크닉의 시술 시 관리사의 태도

(1) 관리는 정성껏 실시하며 불쾌한 행동을 하지 않도록 함

(2) 고객의 체온과 같도록 손을 따뜻하게 함

(3) 장신구 착용을 하지 않아야 하며 단정하고 청결한 인상을 가짐

(4) 손톱은 짧고 청결하게 유지하고 짙은 색상의 에나멜은 바르지 않도록 함

(5) 관리사의 유니폼은 청결해야 하고 구취나 액취가 나지 않아야 함

6) 매뉴얼테크닉의 종류 및 시술방법

(1) 종류 및 효과

<table>
<tr><th colspan="2">종류</th><th>주요 시술부위</th><th>주요효과</th><th>비고</th></tr>
<tr><td colspan="2">쓰다듬기</td><td>• 안면, 전신
• 피부 관리의 시작과 마지막에 많이 사용</td><td>• 진정
• 긴장완화
• 혈액순환원활
• 림프순환원활</td><td>스트로킹 이라고도 함</td></tr>
<tr><td rowspan="3">문지르기</td><td>가볍게 치듯이 문지르기</td><td>팔, 다리, 등 부위</td><td rowspan="3">• 피지선의 기능 원활
• 근육의 이완
• 근육의 유착방지</td><td rowspan="3"></td></tr>
<tr><td>굴리기</td><td>안면, 전신</td></tr>
<tr><td>비틀기</td><td>팔, 다리</td></tr>
<tr><td rowspan="3">주무르기</td><td>반죽하듯이 주무르기</td><td>안면, 전신</td><td rowspan="3">• 근육탄력강화
• 근육마비, 경련 경감
• 근육피로완화</td><td rowspan="3">꼬집기, 닥터쟈켓법</td></tr>
<tr><td>당기면서 주무르기</td><td>안면, 전신</td></tr>
<tr><td>쥐어짜기</td><td>팔, 다리, 복부</td></tr>
<tr><td rowspan="4">두드리기</td><td>손가락으로 가볍게 두드리기</td><td>안면</td><td rowspan="4">• 근육유착방지
• 근육긴장, 이완
• 신경, 근육의 원기회복</td><td>피아노 치기법</td></tr>
<tr><td>손바닥으로 두드리기</td><td>전신</td><td rowspan="3"></td></tr>
<tr><td>손의 측면으로 두드리기</td><td>전신</td></tr>
<tr><td>손을 모아 두드리기</td><td>전신</td></tr>
<tr><td colspan="2">떨기</td><td>안면, 어깨, 팔, 다리</td><td>• 기초조직신장
• 근육수축반사</td><td></td></tr>
<tr><td colspan="2">늘리기</td><td>목, 어깨, 팔, 다리</td><td>• 자율신경자극
• 감각기능향상</td><td></td></tr>
<tr><td colspan="2">누르기</td><td>안면, 전신</td><td>• 신경과 근육의 통증감소
• 경련완화</td><td></td></tr>
</table>

(2) 시술방법

① 쓰다듬기(경찰법)

㉠ 손바닥이나 손끝의 지문부위를 이용하여 피부에 밀착하여 리듬감과 함께 가볍고 부드럽게 쓰다듬음

㉡ 손가락에 힘을 빼고 약간 구부려 유연하게 리듬감 있는 곡선을 그리면서 움직여줌

② 문지르기(강찰법)

손바닥과 손끝의 지문부위를 이용하여 근육조직까지 전달할 수 있는 압을 가하면서 깊게 문지르거나 비틀어줌

③ 주무르기(유찰법)

㉠ 근육조직에 압력을 가하면서 손을 피부에 밀착시키고 작은 힘으로 근육을 쥐고, 당기고, 꼬집듯이 주무름

㉡ 손목을 부드럽게 하여 어깨에 힘을 빼고 압력을 조절하여 부드럽고 경쾌한 동작으로 행하는 것이 중요함

④ 두드리기(고타법, 경타법)

손이 각 부위를 사용해서 가볍고 유연하게 두드리는 방법으로, 주로 어깨 주위의 근육과 대퇴부위 및 크고 넓은 부위에 실시함

⑤ 떨기(진동법)

근육을 흔들리게 해서 근육조직에 자극을 줌

⑥ 늘리기(신전법)

근육과 인대를 늘여주는 방법으로 늘이고자 하는 부분이 이완되었는지를 확인하면서 천천히 반복하면서 당겨줌

⑦ 누르기(압박법)

손과 팔꿈치 등을 사용하여 인체의 한 부분을 지속적으로 또는 간헐적으로 적당한 압을 가함

8 피부유형별 화장품

1) 화장품도포의 목적 및 효과

(1) 세정작용

① 외부의 유해환경으로 인한 피부표면의 오염이나 노폐물, 장기간 축적된 메이크업 잔유물 등을 청결하게 함

② 피부의 정리기능을 도와 피부 관리의 다음 단계를 원활하게 할 수 있게 함

③ 세안비누, 클렌징폼, 클렌징로션, 클렌징크림, 클렌징 젤, 클렌징 워터, 등이 있음

(2) 정돈작용

① 세정작용으로 인한 유・수분의 부조화 또는 pH의 불균형을 정상화 시키는 작용을 하며, 화장수 가 이에 속함

② 천연보습인자 성분이나 피지분지 성분을 보충

(3) 보호작용

① 피부의 보호막인 피지막을 보호하여, 외적 자극(건조, 습도, 바람, 자외선)으로부터 피부를 지켜주고 피부가 약해지는 것을 방지하여 건강한 상태로 유지시키는 작용

② 로션, 크림, 에센스 등이 있음

(4) 영양공급 및 신진대사 활성화작용

① 연령증가로 인한 노화를 지연시키고 피부생리적 건강의 회복을 위해 충분한 영양공급과 신진대사를 활성화시켜 줌

② 세럼, 에센스, 로션 등이 피부 유효성분을 첨가하여 피부에 영양을 공급

2) 피부유형별 일반적인 화장품 적용 및 효능

(1) 정상피부

피부상태가 정상적이기 때문에 피부 관리에 소홀할 경우가 있으며, 연령·계·환경에 따라 화장품 선택을 변화시키면서 현재의 상태를 유지하는 것이 목적

(2) 건성피부

피지선과 한선의 기능이 저하되어 피부가 당기고, 눈가나 입 주위에 잔주름이 잘 생기며, 수분부족과 유분부족을 잘 체크하여 이에 적합한 화장품을 사용하는 것이 좋음

(3) 지성피부

과다한 피지분비로 인하여 모공이 넓고 번들거리며 여드름이 잘 발생하는데, 이러한 피부 문제점을 개선하는 것을 목적으로 화장품을 선택

(4) 복합성 피부

부위별로 2가지 이상의 피부타입이 나타나므로 피부부위에 따른 철저한 관리가 중요하며, 대부분 T존 부위는 지성이며 U존 부위는 건성을 나타내므로 이에 맞는 관리를 해줌

(5) 민감, 예민 피부

외부자극에 상당히 민감하며 실핏줄이 보이고 잘 붉어지며 잔주름이 생기기 쉬우므로 화장품 선택에 주의

(6) 노화피부

노화의 초기증상은 피부의 건성화에서 시작되는 경향이 많으므로 보습 관리에 중점을 두면서 탄력과 주름완화, 영양관리를 하여야 함

(7) 여드름 피부

여드름은 여러 가지 원인에 의해서 나타나는 증상이므로 피부타입에 따라 적절한 제품 선택이 중요하다. 일반적으로 자극을 최소화하면서 항염증과 피지의 밸런스를 맞추어 주며, 피부를 깨끗하게 할 수 있는 관리를 함

(8) 모세혈관 확장피부

피부의 조직이 얇고 건조한 피부에서 많이 볼 수 있으며, 모세혈관벽을 튼튼하게 할 수 있도록 하면서 자극을 최소화하여야 함

9 팩과 마스크

1) 팩과 마스크의 개념

(1) 팩과 마스크의 의미

팩과 마스크는 고대 이집트로부터 유래되었고 다양한 형태의 진흙, 토양, 꿀, 곡물가루, 달걀껍질가루 등 천연재료들을 이용. 영어의 'Package'에서 유래하여 '싸다, 둘러싸다, 포장하다, 감싸준다' 라는 의미로 책이라 불림. 마스크는 '덮어 가리다, 막다' 등의 의미로 유럽, 미국 등에서 사용하기 시작하여 현재 팩과 마스크는 2가지 모두 같은 의미로 사용

(2) 팩과 마스크의 특성

① 팩의 특성
- ㉠ 굳지 않고 부드러움
- ㉡ 바른 후 시간이 경과하여도 제품의 상태가 변하지 않음
- ㉢ 얼굴에 도포 후 15~20분이 지나면 닦아냄

② 마스크의 특성

㉠ 도포 후 굳거나 마름

㉡ 시간이 지마면 필름과 같은 막이 형성되거나 안면모양으로 굳음

㉢ 공기가 차단된 상태로 마르므로 열이나 수분, 영양 등의 손실을 막을 수 있음

㉣ 마스크를 바른 후 마르는 동안 근육을 움직이면 주름이 생기므로 주의해야 함

2) 팩의 효과

(1) 피부를 진정시키고, 연화시킴

(2) 피부에 보습작용을 함

(3) 수렴작용, 영양공급의 효과

(4) 흡착작용에 의해 노폐물 제거로 피부청결의 효과

(5) 피부의 탄력 및 팽창도 증가의 효과

(6) 잔주름 완화와 방지 등의 효과

(7) 피부의 긴장도와 혈액순환의 촉진

3) 팩의 종류

- 먹을 수 있는 거의 모든 것과 그밖에 여러 가지 천연물을 이용할 수 있음
- 종류는 매우 다양하고 재료에 따라 각각 다른 효과가 나타남

(1) 천연팩

① 과일과 야채팩

㉠ 과일과 야채팩의 효과

ⓐ 과일과 야채에는 피부에 좋은 비타민 성분이 풍부하게 함유

ⓑ 비타민 성분은 피부탄력과 보습작용을 촉진

ⓒ 멜라닌 색소의 과다생성을 억제하여 하얗고 투명한 피부로 가꿔줌

ⓓ 피부노화를 지연시키고 자외선으로부터 피부를 보호해 주는 역할
ⓔ 인공향이나 방부제 등이 없기 때문에 피부에 자극을 주지 않음
ⓕ 상큼한 과일향이 기분을 좋게 만들어 스트레스를 풀어주는 효과

㉡ 과일과 야채팩의 사용시 주의사항
ⓐ 과일과 야채 등은 가급적 유기농 제품을 사용
ⓑ 방부제를 첨가하지 않기 때문에 사용할 수 있는 분량만 만들어 냉장고에 보관해야 변질되는 것을 막음
ⓒ 물기가 많으면 밀가루를 섞어 사용하고 꿀을 한 스푼 정도 첨가하면 효과적

② 곡물팩

㉠ 곡물팩의 효과
ⓐ 곡물은 피부의 구성원인 지방질, 단백질, 토코페롤, 무기질, 전해질을 다량 함유하고 있어, 윤기와 함께 부드럽고 탄력있는 피부로 가꾸어 주는 탁월한 효능을 가짐
ⓑ 곡물팩으로 꾸준히 관리하면 부드럽고 탄력있는 피부로 가꾸어 주는 탁월한 효능을 가짐

㉡ 곡물팩의 사용시 주의사항
ⓐ 곡식이 통 씨앗인 경우는 깨끗이 씻어 물기 없이 바싹 말려 사용하고, 껍질을 벗긴 현미나 보리, 은행, 메밀 등은 씻지 않아도 됨
ⓑ 분쇄기에 넣고 갈아 고운 분말상태로 비닐팩이나 플라스틱용기에 담아 냉동실에 보관했다가 쓸 때마다 덜어 쓰도록 함
ⓒ 증류수에 개어 쓰기도 하지만 건성・복합성피부는 우유에, 지성・여드름피부는 요구르트에 개어 사용하면 효과적

㉢ 한방팩 사용시 주의사항
ⓐ 한방재료에 대한 전문지식을 갖추어 피부상태에 알맞게 선택

ⓑ 피부타입에 맞는 제품이 아니면 발진이나 두드러기 등의 민감한 반응이 나타날 수도 있음

ⓒ 전문가와 상담하거나 첩포시험 후 반응을 살펴보고 사용 여부를 결정

ⓓ 연령, 성별, 체질과 피부에 맞는 재료를 사용

ⓔ 일주일에 1~2번이 적당

ⓕ 피부타입에 따라서 2~3종류를 섞어서 사용이 가능하지만 되도록 3종류 이상은 섞지 않도록 함

ⓖ 재료는 이물질이 섞이지 않은 100% 정품이어야 하고, 원재료는 싱싱하고 오염이 되지 않은 재료

ⓗ 가공한 재료는 재료가 가진 부작용을 사전에 제거하고, 피부흡수율과 효과를 극대화시킴

㉣ **호전현상** : 명현반응이라고도 하며, 피부에 어떤 새로운 성분이나 물질이 닿았을 때 피부가 스스로 이물질로 판단하고 거부하는 현상

(2) 가공팩

① **크림타입팩**

㉠ **특성** : 유화형 팩으로 제품을 바른 후 10~20분의 일정시간이 지나면 제품은 그대로 있고 유효성분만 흡수되는 형태의 팩

㉡ **종류** : 회이트닝팩, 컴비네이션 팩 등

㉢ **관리방법**

ⓐ 기초 안면관리 후 아이패드를 올림

ⓑ 스파츌라로 마스크를 용기에 덜어냄

ⓒ 코, 이마, 볼, 턱 목, 가슴 순으로 팩브러쉬로 펴 바름

ⓓ 15~20분 후 젖은 해면이나 면패드로 제거

ⓔ 냉타월 후 토너, 아이크림, 에센스, 로션, 영양크림, 선크림 순으로 마무리

② 파우더 타입팩

㉠ 특성

ⓐ 분말형태로 되어 있어 물이나 용액에 섞어 쓰는 형태의 팩
ⓑ 파우더는 피부의 습기와 지방을 흡수하는 성질이 있음
ⓒ 분말입자의 크기에 따라 흡수 능력이 결정되는데 입자가 고울수록 흡수력이 큼
ⓓ 화장수, 증류수 또는 앰플을 섞어서 사용

㉡ 종류 : 클레이 파우더, 렉틱 파우더 등

㉢ 관리방법

ⓐ 안면관리 후 파우더를 미지근한 물에 갬
ⓑ 아이패드를 댐
ⓒ 브러시나 스파츌라로 코, 이마, 볼, 턱, 목, 가슴 순으로 바름
ⓓ 15~20분 후 젖은 해면이나 면패드로 제거
ⓔ 냉타월 후 토너, 아이크림, 에센스, 로션, 영양크림, 선크림 순으로 마무리

③ 젤타입팩

㉠ 특성

ⓐ 모양이 균일하고 대부분 투명하며 상큼하고 촉촉한 느낌을 주는 젤리 형태의 팩
ⓑ 유분에 민감한 지성피부에 효과적
ⓒ 보습과 진정효과를 부여하고자 할 때 사용

㉡ 종류 : 필오프타입팩, 정화용팩, 알로에팩, 등이 있으며 이는 피부타입에 따라 선택하여 사용

㉢ 관리방법

ⓐ 기초 안면관리 후 제품의 특성에 따라 브러시나 스파츌라를 사용하여 얼굴 전체에 펴 바름

ⓑ 15~20분 경과 후 필오프타입팩은 아래에서 위로 떼어내고, 알로에나 그 외의 팩은 해면으로 닦아줌

ⓒ 냉타월 후 토너, 아이크림, 에센스, 로션, 영양크림, 선크림 순으로 마무리

④ **특수팩**

㉠ 석고마스크

ⓐ 특징

- 도포 후 굳어지면서 딱딱해지고 열이 나며 솔루션에 따라서 냉석고와 온석고가 있음
- 피부를 외부와 차단시켜 영양과 활성화 물질의 피부 침투가 높아지고 신진대사와 혈액순환이 원활해짐
- 민감성 피부나 홍반 피부는 사용을 금함

ⓑ 관리방법

- 기초 안면관리 후 앰플 또는 에센스 등을 바름
- 약간 두텁게 석고 베이스 크림을 발라서 석고 제거가 용이하도록 함
- 눈과 입에 패드를 대고 거즈를 올린 후 헤어밴드에 석고가 묻지 않도록 티슈로 잘 감쌈
- 콧구멍을 막지 않도록 주의하여 얼굴전체에 석고 두께가 0.8~1cm가 되도록 고루 펴바름
- 열이 식으면 양손을 이용해 석고마스크를 잡고 고객이 얼굴 근육을 움직이도록 유도한 후 천천히 제거
- 냉타월 후 토너, 아이크림, 에센스, 로션, 영양크림, 선크림 순으로 마무리

㉡ **모델링 마스크**

ⓐ 특징 : 해조류로부터 추출한 알긴 성분을 함유하여 피부에 미네랄과 영양을 공급하며 고무팩이라고도 함

ⓑ 종류 : 피부타입에 따라 다양한 성분이 함유된 비타민 C, 콜라겐, 아로마 모델링마스크 등

ⓒ 관리방법

- 안면관리 후 아이패드를 댐
- 분말과 물의 비율은 1:1로 하여 걸죽하게 갬
- 스파츌라로 안면과 목에 바름
- 고무처럼 굳으면 떼어냄
- 냉타월 후 토너, 아이크림, 에센스, 로션, 영양크림, 선크림 순으로 마무리

㉢ 콜라겐 마스크

ⓐ 특징 : 천연콜라겐을 냉동·건조시켜 사용하기도 하고, 콜라겐파우더와 앰플을 혼합하여 사용하기도 하는 팩으로 피부의 탄력증진, 수분공급, 주름완화 등의 효과

ⓑ 종류

- 시트형태 : 콜라겐을 급속 냉동시켜 건조한 종이형태로, 고객의 얼굴에 맞도록 잘라서 사용
- 젤 형태 : 콜라겐 성분을 냉동건조시키지 않은 젤 형태로, 얼굴모양으로 형태가 만들어져 사용하기에 용이

ⓒ 관리방법

- 안면관리 후 콜라겐앰플이나 에센스를 올려줌
- 시트형태의 콜라겐은 얼굴에 맞게 잘라서 증류수에 적셔 기포가 생기지 않도록 잘 부착시킨다. 젤 형태의 콜라겐은 얼굴 모양대로 마스크를 올림
- 15~20분 후 마스크를 제거하고 남은 여분의 콜라겐이 흡수되도록 두드린 후 아이크림, 로션, 영양크림, 선크림 순으로 마무리

10 기초화장품

1) 기초화장품의 정의

피부는 생명체인 신체와 비생명체인 외부환경의 사이에 존재하는 경계막으로 다양한 변

화에 대응하여 신체를 보호하는 중요한 역할을 하며 주위환경이 바뀌거나 나이가 들어감에 따라 그 작용이나 구조가 불균형을 이루게 된다. 기초화장품은 이러한 피부의 작용이나 구조가 균형을 이루어 항상성이 유지될 수 있게 하는 화장품이다.

2) 기초화장품의 사용목적

(1) **피부세정작용** – 피부표면의 더러움이나 메이크업 찌거기 및 노폐물을 제거하여 피부를 청결하게 해줌

(2) **피부정돈** – 비누 세안에 의해 상승된 피부의 pH를 정상적인 상태로 빨리 돌아오게 하고 유분과 수분을 공급하여 피부결을 정돈해줌

(3) **피부보호** – 피부표면의 건조를 방지해줌과 동시에 피부를 매끄럽게 하고 추위로부터 피부를 보호하거나 공기 중에 있는 세균이 침입하는 것을 막아줌

3) 기초화장품의 분류

(1) 피부세안용

① 씻어내는 타입(계면활성제형)

㉠ **클렌징폼**(Cleansing Foam) : 피부에 자극이 없어 민감하고 약한 피부에 효과적인 보습제와 에몰리엔트제가 풍부하게 함유되어 있어 당기거나 건조해지는 것을 방지

㉡ **페이셜스크럽**(Facial Scrub) : 미세한 알갱이 모양의 스크럽제가 연마제 역할을 함. 쉽게 제거되지 않는 모공 속 깊숙이 있는 더러움과 오래된 각질을 제거해줌

② 닦아내는 타입(용제형)

㉠ **클렌징크림**(Cleansing Cream) : 피부에서 분비되는 피지나 메이크업 찌꺼기 등 불순물을 제거해줌

㉡ **클렌징로션**(Cleansing Lotion) : 클렌징크림에 비해 사용감이 산뜻함

㉢ **클렌징워터**(Cleansing Water) : 화장수 타입으로 세정력이 낮음

㉣ 클렌징젤(Cleansing Gel) : 수성과 유성의 두 가지 타입이 있으며 유성의 경우 다량의 유분과 계면활성제를 함유하여 세정력이 높음

(2) 피부정돈용

화장수(Skin Lotion) – 정제수, 에탄올, 보습제가 기본 성분(사용목적에 따라 산, 알칼리, 수렴제 성분 배합)

① 유연화장수 : 수분공급, 피부유연

㉠ 피부의 각질층을 촉촉하고 부드럽게 함

㉡ 다음 단계의 화장품 흡수를 용이하게 함

ⓐ 약알칼리성 : 노화된 각질을 부드럽게 하여 수분, 보습성분의 침투를 촉진시킴

ⓑ 중성 : 피부를 부드럽게 하고 탄력성 줌

ⓒ 약산성 : 피부를 매끄럽게 하고 세균 등의 침투방지

② 수렴화장수 : 수분공급, 모공수축

㉠ 각질층에 수분을 공급하고 모공을 수축시켜 피부결을 가다듬고 정리

㉡ 세균으로부터 피부보호, 소독작용이 강함

㉢ 단백질 성분을 끌어당겨 모공수축

㉣ 과잉의 피지, 땀의 분비 억제작용(지성피부, 여름철화장수)

㉤ 아스트리젠트(Astringent), 토닝로션(Toning Lotion), 오일컨트롤로션(Oil Control Lotion)이라고도 함

(3) 유액(로션)

① 유액의 정의, 기능 및 사용목적

유액은 흔히 로션이라 불리며 화장수와 크림의 중간 형태인 제품으로 보통 유분량이 적고 유동성을 갖는 에멀젼 형태의 제품. 사실 로션은 "물약"이라는 뜻으로 외국의 경우에는 주로 화장수를 일컫는 용어로 사용되나 국내에서는 영양유액의 의미로 사용됨. 좀 더 정확한 표현으로는 "밀크로션"이란 용어에 더 가깝다고 할 수 있음. 기초화장품

은 피부의 항상성 기능 유지, 회복 등의 기능을 갖는데, 유액의 경우도 피부의 수분밸런스를 유지할 수 있도록 수분, 보습제, 유분 등을 공급하여 피부의 보습, 유연기능 등을 부여할 목적으로 사용됨

② 유액의 종류 및 특징

유액은 사용목적 또는 제형에 따라 다음의 표와 같이 나누어짐

구분	종류	기능 및 특징
목적, 기능별 분류	모이스춰로션	밀크로션, 모이스춰 에멀젼 등으로도 불리며 사용목적에 맞게 제형 및 유분, 보습제량 등이 다름
	클렌징로션	피부 메이크업 잔류물이나 오염을 제거하는데 사용됨
	매뉴얼테크닉로션	혈행 촉진 및 유연효과를 부여함
	선블록로션	자외선으로부터 피부를 보호
	핸드로션	건조, 주부습진 등 예방
	보디로션	전신용 유액
제형별 분류	O/W 유화	가볍고 산뜻한 사용감
	W/O 유화	보습효과 우수
	W/O/W 유화	사용감과 보습효과 우수
	S/W 유화	부드럽고 산뜻한 사용감 부여
	W/S 유화	가벼운 사용감, 유효성분 안정성·안전성 우수

(4) 크림

① 크림의 정의

크림은 유액처럼 물과 오일이 서로 혼합된 유화물(에멀젼)의 일종으로 유액이 액상의 에멀젼임에 비하여 크림은 반고형상인데, 대게 유액에 비하여 오일이나 왁스 등과 같은 유성성분을 많이 함유함

② 크림의 기능

㉠ 크림 또한 피부의 수분밸런스를 지켜주고 수분이나 보습제, 유분 등을 공급하여 피부의 보습, 유연기능을 부여

㉡ 이외에도 혈행촉진, 세정, 자외선 방어 등 그 사용 목적에 따라 다양한 기능을

가짐

③ 크림의 종류 및 특징

유액과 마찬가지로 크림의 경우에도 그 사용목적 및 제형에 따라 다양한 기능의 제품들이 사용되고 있는데, 이를 간단히 정리하면 다음과 같음

구분	종류	기능 및 특징
목적, 기능별 분류	모이스춰크림	영양크림, 나리싱크림 등으로도 불리며 사용목적에 맞게 제형 및 유분, 보습제량 등이 다름
	클렌징크림	강한 메이크업 잔류물이나 오염을 제거하는데 사용됨
	매뉴얼테크닉크림	혈행 촉진 및 유연효과를 부여함
	선블록크림	자외선으로부터 피부를 보호
	메이크업베이스크임	밑화장으로 사용되는 크림
	헤어크림	모발 보호 및 정발 효과
제형별 분류	O/W 크림	가볍고 산뜻한 사용감의 일반적인 크림
	W/O 크림	보습효과 우수
	W/O/W 크림	사용감과 보습효과 우수
	S/W 크림	부드럽고 산뜻한 사용감 부여
	W/S 크림	가벼운 사용감, 유효성분 안정성·안전성 우수

(5) 에센스

① 에센스의 정의

과학의 발달 및 문화생활 수준의 향상과 함께 화장품 분야에서도 새로운 장르의 제품들이 출시되어 큰 시장을 형성하고 있는데, 가장 대표적인 것이 에센스 제품임

② 에센스의 특징

㉠ 에센스는 "농축" 이미지의 제품으로 각종 보습성분 및 유효성분을 많이 함유하고 있음

㉡ 요즘은 세럼이라는 이름으로 표기한 제품들이 많이 선보이고 있는데 세럼의 본래의 뜻은 "혈청"으로, 미용농축액을 의미하며 에센스와 구분 없이 사용됨

③ 에센스의 기능

에센스는 미용성분을 많이 함유하고 있어서 사용감이 화장수나, 유약 등과는 다른 느낌을 주기 때문에 화장수나 유액, 크림만으로는 부족하다고 느끼는 보습 및 효능, 효과를 보다 향상시켜 주는 제품으로 인식되어 널리 이용됨

(6) 팩

① 팩은 얼굴 뿐 아니라 다른 특정한 부위에 사용되거나 전신으로 사용됨

② 팩이 건조해짐에 따라 피부에 긴장감을 부여하고 피부온도가 상승함에 따라 혈액순환이 촉진됨

③ 외부의 공기 유입차단으로 수분의 증발이 억제되어 각질층으로의 수분공급이 원활해지고 팩에 함유된 유효성분의 침투가 용이해짐

④ 팩의 흡착작용에 의해 피부의 노폐물이 제거되어 청결해짐

⑤ 팩의 분류

㉠ **필오프타입** : 팩을 바른 후 건조된 피막을 떼어내는 타입. 피지와 각질의 과도한 제거로 피부에 자극이 될 수도 있음

㉡ **워시오프타입** : 팩을 바른 후 20~30분 정도 지난 후 온수로 씻어냄. 화농성 여드름피부, 민감성피부에 적당

㉢ **티슈오프타입** : 팩을 바른 후10~15분 지난 후 티슈로 닦아내는 타입. 사용감이 좋고 짧은 시간에 사용할 수 있음

㉣ **패취타입** : 패취형태로 되어 있으며 콧등에 부착한 후 떼어냄(오염물, 피지제거)

㉤ **분말타입** : 물에 개어서 바르는 타입(석고팩, 효소팩)

4) 기초화장품의 안정성

화장품은 대개 서로 잘 섞이지 않는 물질들을 일시적으로 혼합시킨 불균일계인 경우가 많아서 보관 및 유통과정에서 여러 가지 불안정화 현상들이 나타날 수 있는데, 그 주요 요인으로는 온도, 일광, 미생물 등이 있으며, 이들에 의해 발생하는 불안정화 현상들을 정리해 보면 다음의 표와 같음

불안정화 요인		현 상
온도	고온	분리, 변색, 변취, 침전, 유효성분 파괴 등
	저온	결정 석출, 침전, 분리, 용기 파손 등
일광(자외선)		변색, 변취, 유효성분 파괴 등
미생물		변취, 변색, 분리, 부작용 등

① 화장품의 유효기간은 특별히 정해져 있지 않고 제형에 따라서 다르지만, 대개 3~5년 정도로 인식하고 있음

② 유효기간은 보관 조건에 따라 크게 달라질 수 있는데, 예를 들면, 높은 온도나 직사광선 등에 방치될 경우 제품의 수명은 매우 짧아질 수밖에 없음

③ 그러므로 식품이나 의약품과 마찬가지로 화장품도 반드시 직사광선을 피하고 서늘한 곳에 보관하는 등 유통과정 및 보관상의 많은 주의를 기울일 필요가 있음

5) 기초화장품의 사용상의 주의사항

화장품 시행규칙에 의하면, 화장품의 유형별 사용상의 주의사항을 법으로 정하여 놓았는데, 기초화장품 관련 사항은 다음과 같음

(1) 공통사항

① 화장품을 사용하여 다음과 같은 이상이 있는 경우에는 사용을 중지해야 하며, 계속 사용하면 증상을 악화시키므로 피부과 전문의 등에게 상담할 것

㉠ 사용 중 붉은 반점, 부어오름, 가려움증, 자극 등의 이상이 있는 경우

㉡ 적용부위가 직사광선에 의하여 위와 같은 이상이 있는 경우

② 상처가 있는 부위, 습진 및 피부염 등의 이상이 있는 부위에는 사용하지 말 것

③ 보관 및 취급상의 주의사항

㉠ 사용 후에는 반드시 마개를 닫아둘 것

㉡ 유, 소아의 손이 닿지 않는 곳에 보관할 것

㉢ 고온 내지 저온의 장소 및 직사광선이 닿는 곳에는 보관하지 말 것

(2) 개별사항

① 피부적용 제품류

미세한 입자가 함유되어 있는 스크럽 세안제

㉠ 사용시 입자가 눈에 들어가지 않도록 할 것

㉡ 헹굴 때 눈을 감고, 눈에 들어가지 않도록 주의할 것

㉢ 입자가 눈에 들어갔을 때는 손으로 비비지 말고 물로 씻어내고, 그대로 남아있는 경우에는 전문의를 찾아 상담할 (피부적용 제품류는 어린이용 로션·크림 및 오일, 메이크업 제품, 면도용 제품, 기초화장용 제품을 말함)

② 팩

눈 주위를 피하여 사용할 것

③ 두발, 염모용 및 눈 화장용 제품류

눈에 들어갔을 경우, 즉시 씻어낼 것

고객카드의 예

상담일자 : 200 년 월 일	상담관리사 :
고객성명 :	생년월일 : 년 월 일(양·음)
주 소 :	
연 락 처 : 자택( )	핸 드 폰 :
가족사항 : 기혼(자녀수 :) / 미혼	직 업 : (TEL :)

* 기본사항
1. 최근에 수술 경험 예___ 아니오___
2. 흡연 예___ 아니오___
3. 화학필링 예___ 아니오___
4. 다이어트 예___ 아니오___
5. 규칙적인 운동 예___ 아니오___
6. 몸에 특별한 관심이 필요한 부위 예___ 아니오___
   있다면 ___________________
7. 현재 사용하고 계신 피부관리 제품의 종류 (중복 체크 가능)
   • 비누___ • 토너___ • 마스크___
   • 클렌져___ • 모이스처라이저___
   • 스크럽___ • 필링제___
   • 그 외 ___________________
8. 수면장애 예___ 아니오___

* 여성 고객용
1. 생리 정상 예___ 아니오___
2. 피임약 복용 예___ 아니오___
3. 임신 중 또는 계획 예___ 아니오___

* 남성 고객용
1. 면도 후 자극경험 예___ 아니오___
2. 피부관리경험 예___ 아니오___

* 피지분비
1. 낮이 되면 번들거림 예___ 아니오___
2. 피부 여드름 예___ 아니오___

* 수분공급
1. 하루에 마시는 물의 양
   ____
2. 이뇨제나 변비약을 복용
   예___ 아니오___ 가끔___
3. 음주 예___ 아니오___

* 모세혈관 확장
1. 일광에 쉽게 그을림 예___ 아니오___
2. 흥분하면 쉽게 붉어짐
   예___ 아니오___

* 신경활동
1. 카페인 음료 예___ 아니오___
2. 좋아하는 매뉴얼테크닉 압력
   약하게___ 중간___ 강하게___
3. 아래와 같은 것에 특별한 반응사항
   • 화장품___ • 꽃가루___ • 동물___
   • 약품___ • 음식___ • 향___
   • 요오드___ • AHA___ • 선스크린___
   • 기타 ___________________

피부분석카드의 예

고객번호 NO :		피부관리사 :
고객성명 :	성별 : 여 / 남	생년월일 : 년 월 일(양 · 음)
주 소 :		
연 락 처 :		핸드폰 :

방문동기	• 광고□ • 아는 사람 소개로□ • 기타□				
피부 문제점	• 노화/검버섯□ • 모세혈관확장증□ • 건성/각질화□ • 잔주름/진한주름□ • 지성□ • 블랙헤드□ • 화이트헤드□ • 여드름□ • 예민□ • 기타□				
병력 Medical History	• 알레르기□ • 피부병□ • 당뇨병□ • 고혈압□ • 천식□ • 간질병□ • 심장기능부전□ • 밀실공포증□ • 켈로이드(Keloid)□ • 기타□				
생리주기 Menstration Cycle		콘텍트렌즈 사용 유무 Contat Lens		임신여부 Pregnancy	
현재 복용약 Current Medication	• 항생제□ • 항히스타민제□ • 호르몬제□ • 피임약□ • 이뇨제□ • 변비약□ • 기타□				
이전 피부 처치 Previous Treatments	• 필링(Peeling)□ • 레틴A□ • 피부암수술□ • 성형수술□ • 기타□				
생활습관 Life Style	• 운동여부□ • 다이어트□ • 흡연[Y/N] • 음주[번/1주] • 수면시간[시간/1일]				
피부결 Skin Texture	• 얇다(Fine)□ • 정상(Normal) □ • 거칠다(Thick)□				
모공의 크기 Ostiums	• 거의 보이지 않음(Invisible)□ • 약간 보임(Sightly Visible)□ • 크게 보임(Visible Open)□				
피지분비 Sebaceous Secretion	• 건성(Alipic)□ • 정상(Normal)□ • 지성(Oily)□ • 작은 여드름(Comedonal)□ • 질식된 피부(Asyphyxic)□ • 화농 여드름(Acne)□				
여드름 Acne	• 화이트헤드(Whitehead)□ • 블랙헤드(Blackhead)□ • 구진(Papule) • 농포(Pustule)□ • 결절(Nodule)□ • 낭종(Cyst)□				
수분상태 Hydration	• 피부표면의 수분부족(Superficial Dehydration)□ 심함□ 보통□ 경미함□ • 진피층의 수분부족(Deep Dehydration)□ 심함□ 보통□ 경미함□				
혈액순환 Circulation	• 홍반(Erythrosis)□ • 모세혈관확장증(Couperose)□ • 주사비(Rosacea)□				
예민도 Sensitivity	• 정상(Normal)□ • 예민(Sensitive)□ • 과민(Very Sensitive)□				
색소 Pigmentation	• 주근깨(Freckles)□ • 기민(Chloasma)□ • 검버섯(Seborrheic Keratsis)□ • 저색소침착(Hypopigmentation)□				
탄력도 Elasticity	• 좋은(Good)□ • 보통(Average)□ • 나쁨(Poor)□				
주름 Wrinkles	• 깊은 주름(Deep Wrinkles)□ • 잔주름(Fine Lines)□				

사용 화장품(제품브랜드명과 타입)		
클렌징(Cleansing)		
토너(Toner)		
딥클렌징(Deep Cleansing)		
팩(Pack)		
세럼, 에센스, 앰플		
영양크림		
썬 프로덕션(SPF)		
아이크림(Eye Cream)		
파운데이션(Foundation)		
기타		

피부분석카드의 예

<table>
<tr><td>관리일자 :</td><td colspan="3">관리횟수 :</td><td colspan="3">고객명 :</td><td colspan="2">피부관리사 :</td></tr>
<tr><td>다음 관리 날짜
Next Appointment</td><td colspan="8"></td></tr>
<tr><td>관리목적
Reason For Treatment</td><td colspan="8"></td></tr>
<tr><td>패치테스트 Patch Test</td><td colspan="8"></td></tr>
<tr><td rowspan="2">관리단계
Treatment Process</td><td colspan="4">사용제품 Products</td><td colspan="4">사용제품 Products</td></tr>
<tr><td>제품명</td><td>함유성분</td><td>방법</td><td>시간</td><td>기기명</td><td>목적</td><td>방법</td><td>시간</td></tr>
<tr><td>포인트 메이크업 클렌징
Point Make-up Cleansing</td><td></td><td></td><td></td><td></td><td></td><td></td><td></td><td></td></tr>
<tr><td>클렌징
Cleansing</td><td></td><td></td><td></td><td></td><td></td><td></td><td></td><td></td></tr>
<tr><td>필링 Peeling</td><td></td><td></td><td></td><td></td><td></td><td></td><td></td><td></td></tr>
<tr><td>여드름 추출
Comedo Extract</td><td></td><td></td><td></td><td></td><td></td><td></td><td></td><td></td></tr>
<tr><td>앰플 Ampoule</td><td></td><td></td><td></td><td></td><td></td><td></td><td></td><td></td></tr>
<tr><td>매뉴얼테크닉
Manual Technique</td><td></td><td></td><td></td><td></td><td></td><td></td><td></td><td></td></tr>
<tr><td>1차 마스크/팩
Mask or Pack</td><td></td><td></td><td></td><td></td><td></td><td></td><td></td><td></td></tr>
<tr><td>2차 마스크/팩
Mask or Pack</td><td></td><td></td><td></td><td></td><td></td><td></td><td></td><td></td></tr>
<tr><td>특수관리
Special Treatment</td><td></td><td></td><td></td><td></td><td></td><td></td><td></td><td></td></tr>
<tr><td>썬 프로텍션
Sun Protection</td><td></td><td></td><td></td><td></td><td></td><td></td><td></td><td></td></tr>
<tr><td>시술 후 소견 Comment</td><td></td><td></td><td></td><td></td><td></td><td></td><td></td><td></td></tr>
<tr><td>홈케어 어드바이스
Home Care Advice</td><td colspan="8"></td></tr>
<tr><td>관리후 피부 변화 상태</td><td colspan="8"></td></tr>
<tr><td colspan="3">Before</td><td colspan="6">After</td></tr>
<tr><td>판매제품
Selling Product</td><td colspan="8"></td></tr>
</table>

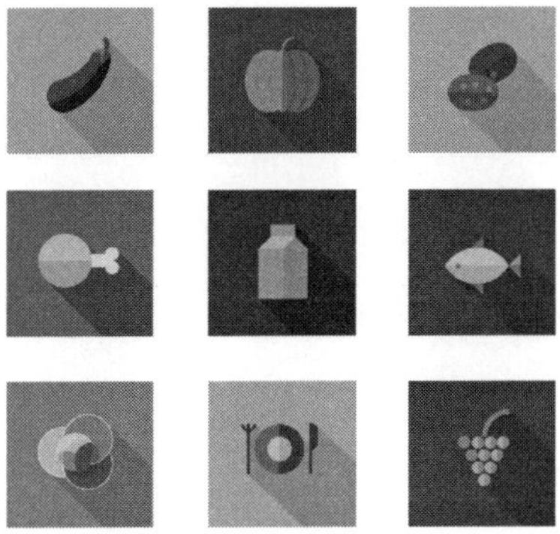

제 5 장 질환별 식생활

1. 해독의 원리
2. 위장질환
3. 심혈관질환
4. 고지혈증
5. 고혈압
6. 당뇨병
7. 비만
8. 알레르기
9. 암
10. 골격계 질환

Dietary Health Management

제 5 장

질환별 식생활

1 해독의 원리

1) 해독의 개념

해독(解毒)은 몸의 축적된 독을 해결한다는 제독요법의 의미로서 디톡스(detoxification 또는 Detox)라고도 한다.

2) 독소의 생성 및 형태

(1) 독소의 생성

독소는 음식, 스트레스, 과로, 나쁜 외부환경, 유전적 체질로 인해 독소가 생기며 하나의 독은 다른 독과 서로 상호 연관을 맺어 영향을 미치게 된다.

(2) 독소의 형태

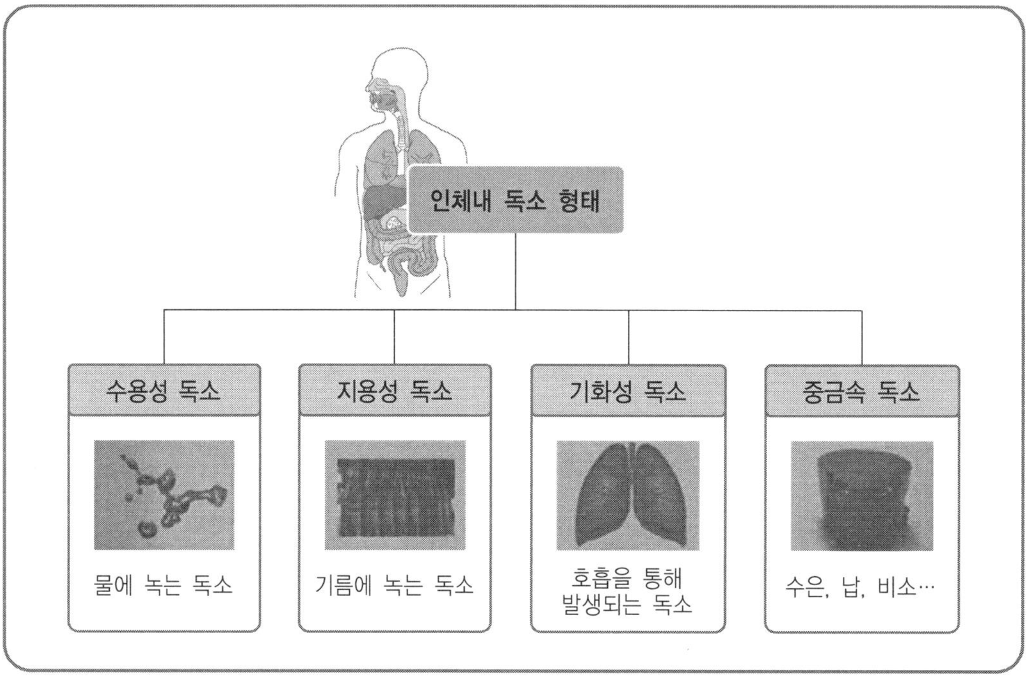

[그림 5-1] 독소의 네 가지 형태

3) 독소의 원인

(1) 산소의 부족

산소는 공기 중 21%를 차지하며 생명체의 생존을 담당한다. 산소량이 많으면 몸 안에서 대사를 잘 이뤄지게 하며 미토콘드리아에서 에너지를 잘 만들게 한다. 산소 부족은 몸 안에서 활성산소가 발생되어 독이 만들어진다.

활성 산소는 불연소되어 몸에 염증을 만들어 내며 피로 물질 등이 몸에 쌓여 독소를 만들어 낸다.

(2) 영양소의 부족

생명체는 반드시 외부로부터 영양을 섭취하여 에너지로 전환시켜야만 생명을 유지할 수 있다. 환경의 오염과 대량 생산을 위한 농약의 살포 등이 땅의 지력(地力)을 잃게 하여 건강한 식물을 생산하지 못하기 때문에 건강하지 못한 식물은 절대적으로 영양이 부족하다. 매일 아무리 잘 먹는다 하더라도 우리는 영양소의 결핍 시대에 살고 있는 것이다. 또한 유통 과정에서의 방부제 등이 영양소를 더욱 갉아 먹고 있으며 요리 시 영양 보다는 입맛에 맞추다 보니 실제 입으로 들어가는 음식의 영양은 거의 제로에 가깝다고 보면 된다. 이렇게 부족한 영양의 섭취는 결국 몸 안에서 대사가 어렵게 된다. 3대 영양소인 탄수화물, 지방, 단백질은 너무 풍족히 먹고 태우는 영양소인 비타민과 미네랄은 현저히 부족하니 몸은 남아도는 열량으로 비대해지고 식원성증후군이라 불리는 대사성 질환의 질병으로 이끌게 되는 것이다. 이렇게 몸은 독소가 만들어지고 독이 계속 쌓여 병들게 된다.

(3) 복합적 스트레스

현대인들은 스트레스에 시달리는 삶의 연속이라 보면 된다. 스트레스를 받게 되면 뇌의 시상하부에서 크게 2가지의 호르몬이 방출된다. 하나는 TRH 호르몬이며 또 하나는 CRH 호르몬이다. 그리고 이 호르몬은 뇌하수체를 깨워 다시 호르몬을 방출하게 한다. TRH는 TSH 호르몬을, CRH는 ACTH 호르몬을 방출하라고 지시한다. 뇌하수체에서 방출하는 TSH는 갑상선으로 가서 갑상선이 티록신 호르몬을 방출하게 명령한다. 그러면 티록신 호르몬을 가지고 갑상선은 신진대사와 체온유지에 신경 쓴다. 스트레스가 혈관을 좁게 하고 혈액량을 줄어들게 하니 몸 안의 영양소를 가지고 대사량을 높이게 한다. 그러면 다시 혈관을 타고 전신에 혈액과 산소를 공급한다. 다시 체온이 올라가고 열을 받은 몸은 이완상태에 놓여 스트레스에 대응하게 된다. 그리고 ACTH 호르몬은 부신에 가서 부신피질의 코티솔 호르몬을, 부신 수질의 아드레날린 호르몬을 분비 시킨다. 이 둘은 간에 저장된 에너지를 활성시켜 뇌와 근육으로 보내는 일을 한다. 만약 과도한 스트레스가 발생한다면 먼저 열량이 높은 지방을 에너지로 전환시키려 한다. 이 때 지방이 에너지로 전환되면서 케톤체라는 산성 물질이 많이 만들어지게 된다. 이는 독소의 일종이다. 지방이 화력이 높은 반면 그만큼의 독소양도 높게 나온다. 그러면 몸은 산성으로 기울게 된다. 산성이라는 것은 몸이 독으로 가득차고 있다는 것을 의미한다.

(4) 환경호르몬

환경호르몬은 몸 안에서 호르몬과 같이 유사하게 활동하여 교란시키는 일을 한다. 특히 여성호르몬은 환경호르몬과 너무 흡사하여 인체내에서 이를 구별하기가 어렵다. 근래 여성질환 중 유방암이 증강하는 것도 바로 이 환경 호르몬이 주범에 속한다. 인체는 자연에서 들어온 모든 것을 분해하는 효소를 가지고 있다. 하지만 인위적으로 만든 모든 것에는 대사 효소가 없어 쌓이게 된다. 실제 인체 내 1~1.5Kg은 모두 이러한 환경 호르몬이나 석유화학물의 찌꺼기들이다.

(5) 환경의 오염

근래 우리를 괴롭히는 것은 바로 미세먼지이다. 미세먼지 속에는 생명에 위협적인 중금속도 포함된다. 호흡기로 들어와 면역을 떨어뜨리며 각종 질병의 원인으로 자리 잡고 있다. 산업화나 세계화란 결국 대기의 오염도 포함된다. 앞으로 환경의 오염 및 대기의 오염은 더욱 거세질 것이다. 피할 방법은 없다. 단지 몸에 쌓이는 이러한 독소들을 어떻게 쉽고 잘 배출 하는가가 앞으로 건강한 삶이 될 것인지의 척도가 될 것이다.

4) 독소를 제거하는 생활습관법

(1) **영양섭취** : 다양한 영양소를 골고루 섭취한다.
(2) **운동** : 1주일에 땀을 흘릴 정도로 2회 정도 실시한다.
(3) **물** : 하루 2리터 이상의 좋은 물을 충분히 마셔야 한다.
(4) **햇빛** : 매일 30분 이상의 햇빛을 쬐이거나 일광욕을 한다.
(5) **절제** : 담배, 마약 등 몸에 해로운 물질의 섭취를 금해야 한다.
(6) **공기** : 맑고 깨끗한 공기를 마시기 위해 삼림욕을 권장한다.
(7) **휴식** : 잠은 7시간 이상, 휴식은 재충전의 원동력이다.
(8) **긍정적 마음** : 스트레스를 이겨내는 긍정적 마인드가 필요하다.

5) 디톡스의 원리

몸속의 독소는 반드시 제거해야 한다. 독소를 잘 다스리고 독소의 배출을 위한 현명한 지혜가 필요하다. 이렇듯 독소는 우리의 삶 바로 가까이에서 우리를 더럽히고 있고 이 쌓이는 독소를 제거하고 최소화 하는 것이 건강을 유지하는 방법이고 몸 안에 쌓인 독을 제거하는 것이 건강의 첫 걸음이라면 독을 제거하는 방법으로는 바른 먹거리로 몸을 정화시키는 것과 운동을 통해 몸 밖으로 배출시켜야 한다.

6) 독소를 제거하는 기간

신생아가 엄마의 뱃속에서 나오면 엄마는 3일 동안 젖이 나오지 않는다. 3일이 지나면서 젖이 나오기 시작하는데 이것은 이 기간에 신생아는 태아 때 엄마로부터 받은 영양분의 찌꺼기를 배출하는 디톡스의 시간을 갖기 때문이다. 신생아가 젖을 물지 못하여 굶겠지만 몸은 더욱 청결해 지고 깨끗하게 된다. 이 때 만약 태어나자마자 젖을 물리면 아기는 찌꺼기를 제대로 배출하지 못하게 되고 아기에게 독소의 영향을 미치게 된다. 이것이 소아 당뇨나 알러지, 피부 질환 등의 여러 질병의 원인이 되기도 한다.

마찬가지로 독소를 제거하는 시기는 3일의 시간이 소요 된다. 3일 동안 따뜻한 물을 2ℓ 이상 충분히 마시면서 음식은 섭취하지 않는 것이 최상이며 혹시 독소를 제거하는 기능성 영양을 섭취해야 한다면 안내자의 안내에 따라 하는 것이 바람직하다. 이 디톡스 기간에 수독, 혈독, 장독, 지방독이 제거된다. 가장 먼저 하는 것은 무엇을 먹을 것인가가 아니라 어떻게 배출할 것인가가 우선순위가 되어야 한다. 현대인들은 영양 과잉의 문제를 안고 있다. 너무 많이 먹어서 문제가 발생한다. 따라서 채움보다는 비움이 선행되어야 한다. 따라서 이 비움의 시간이 허락하는 것은 3일이 적당하다.

7) 해독 장기들

(1) 대장은 면역의 총집합 장소이며 장내 세균을 통제하는 곳이다.

약 1.5m의 대장은 100종류의 장내세균(腸內細菌/Enteric bacteria)이 서식하고 있으며 전체 질량은 1.5kg이다. 유익균과 유해균은 8:2 정도의 비율로 공존하고 있으며 이 장내세균의 비율과 조화는 면역이 담당하고 있다. 면역이 약해지거나 저하되는 음식물을 섭취하게 되면 유해균의 수가 급증하게 되면 설사라는 처방으로 밖으로 빨리 내보내게 한다. 장내 유익균은 소장에서 소화되지 않은 다당류(polysaccharide)를 단순한 지방산으로 변화하여 흡수시키기도 하고 비타민 B, K가 흡수를 도와주기도 하는데 이는 장내 항산화 용도로 사용하기도 한다. 만약 감기나 질병에 걸려 항생제를 섭취하게 되면 비타민B, K가 파괴되어 장내 환경이 나빠지게 된다. 유해균의 침투와 유해를 막기 위해 대장의 표면에서 점

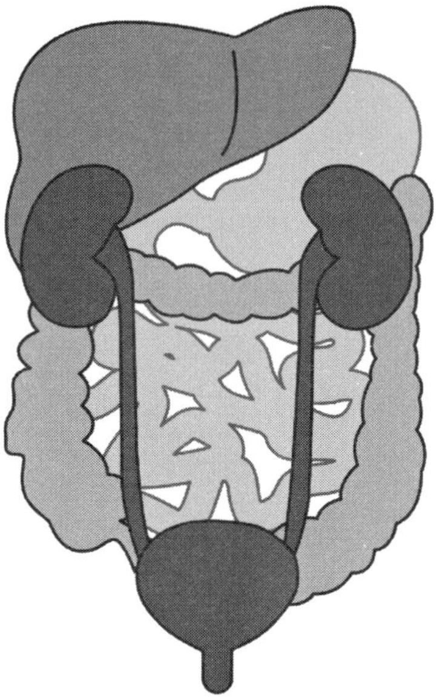

[그림 5-2] 대장, 신장, 간

막방벽(粘膜防壁/Mucosal barrier)이라는 매끈한 점성 물질들이 대장을 보호한다. 그럼에도 불구하고 질병에 걸리면 장누수증후군(腸漏水症候群/Leaky Gut Syndrome)이 발생해 전신에 염증이 생기기도 한다. 그러면 대장은 수분을 흡수시켜 잔여물을 고형분 형태로 만들며 장내세균으로 발효와 분해과정을 통해 생성된 탄산가스와 산성종말산물, 수소, 메탄 및 독성 아민 등은 대변을 통해 밖으로 내보낸다. 그렇게 불순물을 처리하여 몸에 독이 발생하는 것을 막는다. 또한 소장에서 흡수되지 않고 떠밀려 온 영양성분들을 최종 흡수하기도 하지만 그 양은 매우 미미하다. 현대인들은 서구화된 식생활과 섬유질의 부족 그리고 환경의 오염으로 장이 매우 건강하지 못하다. 온 몸의 독소를 만들어 내는 곳이며 장을 깨끗이 하는 것이 해독의 첫걸음이 된다. 그래서 해독의 의미는 우선적으로 장부터 해결함에 목적을 둬야 한다. 간을 정상으로 회복시키기 위해서는 장을 청소해야 한다.

(2) 간은 해독의 중추적 역할을 하며 온 몸의 독을 통제하고 관리하는 곳이다.

횡격막 오른쪽 아래에 위치하며 갈비뼈(늑골)의 보호를 받고 있는 간은 약 1.2 kg의 무게로 지름이 25cm인 적갈색의 광택을 띄고 있다. 간을 구성하고 있는 세포의 대부분이 간세포로서 그 수는 대략 2천5백억 개나 되며 무수한 기능을 수행한다. 간소엽이 모여 만들어진 간은 크게 좌엽과 우엽으로 나뉘며 우엽이 좌엽보다 훨씬 크고 두껍다. 다른 장기에 비해 간은 심장을 통한 간동맥과 소화관을 통한 간문맥 등 이중으로 혈액을 공급 받으며 인체 내 혈액 중 유일하게 간문맥을 통해 혈액이 두 번 통과된다는 점이다. 이를 통해 영양의 저장과 해독을 한다. 이 영양을 가지고 탄수화물, 단백질 및 아미노산, 지방대사는 물론 담즙산 및 빌리루빈, 비타민 및 무기질, 호르몬 대사까지 담당하며 해독과 살균 작용 등의 주요 기능을 수행한다. 그래서 이러한 기능을 수월하게 돕기 위해 매일 충분한 영양과 산소를 공급해 준다. 우리 몸에서 대표적 영양물질들을 저장하고 필요 시 꺼내어 재활용하는 기능이 탁월하다. 즉 몸의 대사 수위를 조절하는 공장장이라 할 수 있다. 예를 들어 비타민 및 무기질 대사 시 비타민 D는 4개월, A는 10개월, B12는 1년 이상 저장하여 생명을 유지할 수 있고 철(Fe), 구리(Cu), 아연(Zn) 등을 저장하여 미네랄의 대사를 돕는다. 또한 단백질의 아미노산으로 새로운 혈청단백질과 호르몬 등을 합성하며 에너지원인 포도당으로 전환시켜 사용한다. 간에서는 하루에 약 50g의 단백질이 합성한다. 이 중 총 단백량의 약 25%에 해당되는 알부민이 12g이 만들어지는데 이는 혈장(血漿/Plasma-혈액속에 적혈구・백혈구・혈소판 등을 제외한 영양액체성분)의 건강과 탄력을 책임진다. 간경화 시 복수가 차는 것은 간에서 알부민 생성이 안되 혈관의 삼투압 문제로 수분이 혈관 밖으로 빠져 나오기 때문이다. 이 밖에도 간은 지방이나 호르몬 대사에도 깊이 관여 되는 바 간의 건강은 곧 건강한 신체의 지표가 된다. 간의 기능이 떨어지면 해독 능력도 덩달아 떨어지게 된다. 그러면 온 몸에 독이 퍼진다. 황달이나 흑달이 바로 그러한 징표이다. 간은 대장으로부터 매일 무수한 독을 받는다. 간이 건강하다면 이 독들 모두 청소하겠지만 기능이 약해지면 해독이 어려워져 신체는 공격을 받게 된다. 세상에 간에 좋은 약은 없듯이 간이 정상으로 회복하려면 해독과 쉼밖에 없다. 그리고 간은 37.2℃의 체온을 가지고 있어야만 정상 기능이 가능해진다. 특히 1,000여 가지의 효소와 500여 가지의 기능은 모두 정상체온일 때 가능하다. 그래서 해독 능력이 좋다는 것은 결국 간의 고유 정상체온을 의미하며 간 기능이 약화 되었다는 것은 간의 고유 체온이 떨어졌음을 말한다. 간이 제 체온을 잃어 발생한 것이 바로 간경화(肝硬化)이다. 간이 차가워져 딱딱하게 굳은 현상이다.

(3) 신장은 체내 수분과 전해질 균형을 맞추는 중요한 장소이다.

신장(腎臟/Kidney)은 강낭콩 모양처럼 생겨서 콩팥이라고 불린다. 횡격막 마로 아래 양쪽으로 총 2개가 존재하며 몸의 수분대사와 전해질 대사를 책임지고 있다. 약 10~14cm의 길이로 무게는 120~190g 정도이며 적갈색을 띠고 있다. 신장의 기능에는 대표적으로 대사를 통해 만들어진 대사산물과 노폐물을 소변을 통해 밖으로 배출하는 배설 기능을 들 수 있다. 그리고 체내의 수분량이나 전해질 농도 및 혈액의 산성도 등 항상성 유지 기능과 나트륨(Na)과 칼륨(K)을 통한 혈압의 유지와 칼슘(Ca)과 인(P) 대사에 중요한 여러 가지 호르몬을 생산하고 활성화시키는 내분비 기능으로 요약할 수 있다. 이 때 양쪽에 2백만 개가 넘는 네프론(Nephron)의 세뇨관(細尿管/Renal tubule)을 통해 99%가 재흡수 되고 1~1.5ℓ의 소변이 만들어져 밖으로 배출된다. 자동차에서 엔진은 주행의 출력을 올린다. 하지만 너무 무리하면 엔진은 과열 되고 때론 불이 붙게 된다. 이 때 엔진의 과열을 막고 조절하는 기관이 라디에이터이다. 라디에이터는 발생한 열의 일부를 냉각수를 통해 밖으로 방출하는 장치인데 우리 몸에서는 신장에 해당된다. 심장이 내뿜는 에너지의 열을 조절하며 에너지의 부산물들을 밖으로 배출하는 기능을 담당한다. 두 개의 신장이 매일 160ℓ의 물을 활용하여 몸의 수분대사를 책임지고 있는 것이다. 물이 부족하거나 신장에 해로운 음식은 여러 질병을 초래한다. 신장이 망가지면 대장과 간의 기능에 협조할 수 없다. 그래서 신장은 해독의 키(Key)에 해당된다.

2 위장질환

1) 위질환

음식을 섭취하면 입, 식도를 거쳐 위에서 섞여 소장으로 간다. 이때 각종 효소의 작용으로 음식물이 가수분해 되면서 소화가 진행되어 영양소가 우리 체내에 흡수된다. 위장질환은 몸속에 들어온 음식물과 내 몸에서 분비되는 소화효소와의 첫 번째 화학반응으로 그 반응 신호를 감지하지 못할 때 소화기뿐 아니라 몸 전체에 이상 현상이 나타난다.

(1) 소화불량

① 원인

불규칙적이거나 급히 먹는 나쁜 식습관, 과식 또는 지방함량이 많은 음식, 가스를 형성하는 과실이나 채소를 많이 섭취할 때 발생한다.

② 증상

식후 포만감, 식후 불쾌감, 상복부이물감, 조기만복감, 오심, 되새김, 식욕부진, 복부팽만, 트림, 메스꺼움, 구토, 위산의 역류, 가슴쓰림, 속쓰림 등의 증상이 나타난다.

③ 식사요법

㉠ 편안한 상태로 규칙적인 식사를 한다.
㉡ 섬유소가 적은 연식을 섭취한다.
㉢ 음식을 조금씩 천천히 오래 씹어 먹는다.
㉣ 과식을 피한다.
㉤ 유당 불내증이 있는 경우 우유 섭취를 제한한다.
㉥ 맵거나 자극성이 강한 음식, 지방이 많은 음식, 알코올, 카페인 함유 음료를 과량 섭취하지 않는다.
㉦ 소화가 잘 되지 않는 음식(딱딱하거나 너무 찬 음식)은 피한다.
㉧ 식사 중에는 수분은 절제한다.
㉨ 지방이 많은 식품은 위배출을 느리게 하거나 장운동의 변화를 일으켜 복통을 일으키므로 제한한다.

④ 도움이 되는 식품

토마토, 연근, 무, 당근, 샐러리, 파슬리, 파, 마늘, 고추, 후추, 찹쌀, 율무, 민들레, 표고버섯, 목이버섯, 영지버섯, 인삼, 살구씨, 파인애플, 초란, 녹두, 콩, 보리, 메밀, 들깨, 시금치, 오이, 양배추, 배추, 상추, 우엉, 토란, 칡, 더덕, 알로에, 씀바귀, 박하, 바나나, 배, 귤, 대추, 다시마, 굴, 조기

(2) 위염

① 원인

급성위염은 위벽을 자극하는 과식, 과음, 자극성이 강한식품의 섭취, 음식이 너무 뜨거운 경우, 튀긴음식, 알레르기음식, 방사선 치료, 감염 등에 의해 발생된다. 만성위염은 장기간에 걸친 무절제한 식사, 스트레스, 위산분비 이상, 헬리코박터 파일로리의 장기간 감염 등으로 발생한다.

② 증상

위 점막에 부종, 출혈, 짓무름 등이 생기며 메스꺼움, 식욕부진, 소화불량, 복부팽만 등 체한 느낌이 난다.

③ 식사요법

㉠ 부드럽고 소화되기 쉬운 식품을 섭취해야 한다.

㉡ 기름기와 섬유소가 많은 음식을 피한다.

㉢ 심한 위통을 느낄 때나 토할 때는 절식하고 이때 수분은 충분히 섭취한다.

㉣ 만성위염에는 단백질이 풍부하고 소화되기 쉬운 달걀, 두부, 생선 등 부드러운 식품으로 공급한다.

㉤ 식사는 규칙적으로, 천천히 잘 씹어 먹는다.

㉥ 알코올성음료, 향신료, 카페인, 흡연은 금한다.

㉦ 증상의 상황에 따라 유동식-연식-일상식으로 진행한다.

㉧ 위산분비 부족으로 식욕이 저하되어 있으므로 식욕을 촉진할 수 있는 파, 마늘, 생강 등의 적절한 양념과 유자차, 토마토쥬스, 요쿠르트, 고기국물 등을 공급한다.

④ 도움이 되는 식품

감자, 연근, 냉이. 무, 미나리, 양배추, 오이, 호박, 매실, 복숭아, 쑥, 감, 바나나, 인삼, 비타민, 파래, 참기름, 들기름, 율무, 유제품, 알로에즙

(3) 위 · 십이지장 궤양

① 원인

필수 아미노산의 부족으로 위의 저항력이 약해져 발생하며 스트레스, 자극적인 음식, 헬리코박터 파일로리균의 감염, 알코올 과잉섭취, 약을 잘못 복용했을 때 발생한다.

② 증상

상복부통증과 함께 트림을 자주 하며 위가 쓰리다, 악화되면 팽만감, 체중감소, 빈혈, 메스꺼움, 구토가 일어난다. 합병증으로는 출혈, 천공, 협착 등이 오며 암으로까지 악화될 수 있다.

③ 식사요법

㉠ 위를 자극하는 맵고 짠 자극성이 강한 음식, 단단한 것, 가열이 덜 된 식품, 지나치게 익은 것, 강한 향신료와 조미료, 카페인 식품, 건조식품, 섬유질 식품은 자극을 주므로 섭취하지 않는다.

㉡ 불규칙하게 소량을 자주 섭취하는 것은 위산분비를 불규칙하게 하므로 식사는 규칙적으로 섭취한다.

㉢ 과식, 잦은 간식, 취침 전 간식은 피한다.

㉣ 증상의 회복정도에 따라 유동식, 연식, 일상적으로 진행한다.

㉤ 비타민 A, K가 많이 함유된 양배추 등 채소류를 잘 씹어 섭취한다.

④ 도움이 되는 식품

감자, 연근, 냉이. 무, 미나리, 양배추, 오이, 호박, 매실, 복숭아, 쑥, 감, 바나나, 인삼, 비타민, 파래, 참기름, 들기름, 율무, 유제품, 알로에즙

(4) 위하수증

① 원인

위가 배꼽 아래까지 길게 내려와 위의 기능이 저하되어 있는 상태이다.

② 증상

위가 거북하며 얼굴이 창백하고 손발이 차가우며 식욕이 없고 잠을 깊이 자지 못하고 변비가 심한 환자가 많다.

③ 식사요법

㉠ 소화가 잘되며 위안에 오랜 시간 머물지 않는 음식을 선택한다.

㉡ 죽보다는 진밥이 좋다.

㉢ 단백질은 위의 근육을 튼튼하게 하기 위해 필수아미노산이 풍부하게 들어있는 부드러운 고기나 생선으로 충분히 섭취한다.

㉣ 식욕을 촉진하는 향신료를 적당히 사용한다.

㉤ 튀긴음식, 단음식, 섬유질이 많은 채소는 피한다.

④ 도움이 되는 식품

양배추, 브로콜리, 흰살생선, 두부, 시금치, 당근, 애호박, 무, 달걀찜

(5) 역류성 식도염

① 원인

음식이 위에서 식도로 거꾸로 올라오지 않도록 식도괄약근이 존재하며 역류성식도염은 하부식도괄약근이 스트레스가 되는 음식물에 의해 위산분비가 과다하거나 괄약근 자체에 이상이 생기는 기능부전으로 위 내용물이 식도로 역류하는 것이다.

② 증상

가슴앓이(heartburn)가 가장 흔한 증상이며 잦은 기침, 연하곤란, 식도궤양, 식도출혈이 초래된다.

③ 식사요법

㉠ 규칙적인 시간에 일정량의 식사를 하며 과식은 피한다.

㉡ 너무 뜨겁거나 차가운 음식은 피한다.

㉢ 카페인, 초콜릿, 커피, 강한 향신료 및 가스발생 식품은 제한한다.

㉣ 손상된 식도 점막을 자극할 수 있는 식품이나 음료는 제한한다(감귤류 및 감귤류 쥬스, 토마토, 후추, 향신료, 커피, 탄산제품).

㉤ 음식을 오래 씹어 위산을 중화시킨다.

㉥ 취침 3시간 이내에는 음식을 먹지 않는다.

㉦ 지방 섭취를 줄인다.

④ 도움이 되는 식품

양배추, 두부, 흰살생선, 닭고기, 미역, 김, 다시마, 톳, 감자, 마, 연근, 부추

2) 장질환

(1) 고창

소장 내 가스는 매일 7~10L의 가스를 처리한다. 이 중 대부분이 혈액으로 재 흡수되고 약 600ml의 가스가 배출되는데 혈액으로 남은 가스량이 600ml을 초과할 경우 가스가 차는 것이다.

① 원인

음식을 먹거나 음료를 마실 때 공기를 삼키는 공기연하증 때문이며 대부분은 위장으로부터 배출되고 아주 적은 양만이 결장까지 간다.

② 식사요법

㉠ 천천히 먹고 입을 다물고 씹으며 빨대 사용을 하지 않는다.

㉡ 사과, 배, 브로콜리, 양배추, 옥수수, 감자, 콩, 부추, 무, 양파, 맥주, 탄산음료, 과일쥬스, 유제품 등은 가스형성을 유발하므르 피한다.

(2) 이완성 변비

① 원인

운동량 부족, 스트레스, 완화제의 지속적인 사용, 아침 결식, 섬유소가 부족한 식사,

인스턴트 음식, 패스트푸드의 잦은 섭취, 불규칙한 식사, 스트레스로 교감신경의 항진 등으로 장이 스트레스를 받아 움직이지 않는 상태이다. 대장이 노화되어 힘이 없거나, 부교감 신경을 억제하는 약을 먹을 때, 갑상선 호르몬이 부족한 경우, 허약체질인 경우 발생한다.

② 식사요법

㉠ 식이섬유소

섬유소를 충분히 섭취하면 변량이 많아지고 배변이 쉬워지므로 하루에 25g 이상의 섬유소를 섭취하는 것이 좋으며 말린 자두나 무화과에는 하제 성분이 들어있어 변비 치료에 도움이 된다.

[섬유소가 많은 식품]

곡 류: 현미, 보리, 수수, 조, 옥수수가루, 오트밀, 압맥
감자류: 고구마, 토란, 마
두 류: 팥, 대두, 강낭콩, 완두콩, 녹두, 된장, 비지
견과류: 밤, 호두, 은행, 참깨, 들깨, 잣, 땅콩, 아몬드, 해바라기씨
채소류: 배추, 무청, 양배추, 파, 오이, 미나리, 상추, 부추, 풋고추, 도라지, 고사리, 고비, 버섯, 쑥갓, 고춧잎, 파슬리, 시금치, 무 , 우엉, 생강, 샐러리, 콩나물, 숙주나물, 연근, 마늘
해조류: 김, 미역, 미역줄기, 다시마, 파래, 톳
과일류: 유자피, 사과, 배, 귤, 수박, 참외, 자두, 살구, 딸기, 키위, 무화과, 복숭아, 파인애플, 머스크멜론

㉡ 수분

수분 섭취량이 적으면 대장의 수분량이 감소하여 대변이 건조하고 단단해지므로 하루에 수분을 1.5L 이상 충분히 섭취한다.

③ 도움이 되는 식품

현미, 보리, 콩, 팥, 녹두, 감자, 두부, 시금치. 오이 호박, 배추, 콩나물, 토란, 아욱, 밤, 다시마, 미역, 김, 버섯, 무, 쑥갓, 고비, 마늘, 도라지, 부추, 양파, 토마토, 복숭

아, 달걀, 파래

(3) 경련성변비

① 원인

결장 또는 직장벽근이 경련성 수축으로 내용물 이동이 앞으로 진행하지 못해 발생한다. 스트레스, 담석증, 만성췌장염, 만성충수염이 원인이 되는 경우가 많다.

② 증상

식사 후 하복부에 통증과 함께 변의가 강하게 일어나는데 비해 배변량은 적으며 묽고 가는 변이 조금씩 나오거나 염소 변처럼 동글동글하게 나오는 경우도 있다. 배가 더부룩하며 가스가 차고 복통과 메스꺼움, 불쾌감이 있다.

③ 식사요법

㉠ 과민한 대장의 연동운동을 감소시키기 위해 식이섬유소 섭취를 제한한다.
㉡ 자극이 없는 부드러운 식사로 소화되기 쉬운 음식을 섭취해야 한다.
㉢ 채소는 찌거나 삶아 부드럽게 조리한다.
㉣ 단백질은 우유, 달걀, 다진고기, 생선 등을 섭취한다.

④ 도움이 되는 식품

통밀, 보리, 고구마, 콩, 두부, 순두부, 현미, 감자, 옥수수, 두유, 대두, 완도콩, 비지, 시금치, 호박, 가지, 우엉, 사과, 밤, 치즈, 우유, 요쿠르트, 무, 쑥갓, 당근, 버섯, 부추, 복숭아

(4) 설사

① 원인

음식물을 섭취하면 수분은 대장에서 흡수된다. 대장에 장애가 생겨 장 내용물이 빠르게 통과하거나 대장점막에서 수분을 흡수하는 능력이 저하되어 수분이 많은 대변이 배

설되는 것을 설사라 한다.

② 식사요법

㉠ 탈수를 예방하기 위해 수분을 충분히 섭취한다.

㉡ 식사는 조금씩 자주한다.

㉢ 연동운동을 천천히 하도록 섬유소가 적은 음식을 준다.

㉣ 설사가 계속될 때는 건더기가 적은 미음을 준다.

㉤ 소화기에 자극을 주는 음식은 피한다(거친 죽, 튀긴음식, 생채소, 카페인 음료, 알코올, 자극성 향신료 등).

㉥ 너무 뜨겁거나 찬 음식은 피한다.

③ 도움이 되는 식품

마, 곶감, 생강, 매실, 쑥, 연근, 두부, 청국장, 된장, 배

(5) 글루텐 과민 장질환

① 원인

비열대성 스프루라고도 하며 글루텐의 한 성분인 밀의 글리아딘에 의해 장 점막의 융모가 손상되어 흡수장애를 일으키는 질환이다.

② 증상

냄새가 심하며 거품 섞인 연한 색깔의 설사변을 자주 보며 심하면 빈혈, 체중감소, 영양불량, 비타민 결핍을 나타낸다.

③ 식사요법

㉠ 글루텐 함량이 많은 밀가루로 만든 음식을 제한한다.

㉡ 글루텐이 들어있는 주요곡물은 밀, 보리, 호밀, 귀리이며 이들의 가공품도 제한한다. 대신 쌀이나 대두, 감자, 옥수수 등을 이용한다.

㉢ 유당불내증이 있으면 우유와 유제품들도 제한한다.

(6) 과민성 대장 증후군

① 원인

심리적인 원인이 크며 특정 음식에 대해 과민성을 보인다(우유, 알코올, 카페인).

② 식사요법

급성이면 저섬유소 식이로 주며 수분공급을 충분히 하며 환자가 식욕이 없으므로 식욕을 돋울 수 있는 식단을 마련하는데 초점을 맞추어야 한다.

3 심혈관질환

심혈관계질환은 심장질환, 뇌혈관을 포함한 기타 혈관질환을 모두 일컫는 매우 광범위한 질환으로 고혈압, 고지혈증, 동맥경화증, 심장질환, 부정맥, 심근증, 동맥류 및 뇌졸중이 있다. 심혈관계질환의 위험인자에는 유전, 나이, 성, 당뇨, 혈중 지질농도, 혈압, 흡연, 운동부족, 스트레스, 가족력, 비만 등이 있다. 심혈관질환은 질병발생 후 심각한 후유증을 남기게 되므로 심혈관계질환을 예방하기 위한 올바른 식생활관리와 운동, 생활습관으로 교정해 나가는 것이 최선의 치료가 되는 질환이다.

1) 동맥경화(Arteriosclerosis)

동맥경화는 콜레스테롤과 같은 지질과 칼슘 등의 침착물이 동맥 내에 축적되어 동맥벽이 두꺼워지고 굳어지며 탄력성이 감소되어 약해지거나 혈관내강이 좁아지고 막히게 되는 것이다.

(1) 촉진 인자

고혈압, 당뇨병, 고지혈증, 흡연, 고콜레스테롤, 비만, 신체활동부족, 동물성단백질, 콜레스테롤의 섭취량이 높은 경우

(2) 진행과정

동맥 내막의 혈관내피세포에 저밀도지단백이 침입해 산화되면 대식세포에 의해 탐식되어 거품세포가 되며 여기에 칼슘 등이 침착되어 플라그를 형성하면서 동맥내강이 작아져 혈액흐름이 장애를 받고 굳어지게 된다.

(3) 식사요법

① 표준체중을 유지할 수 있도록 섭취량을 조절한다.

체중증가는 심장의 부담이 증가하고 동맥경화의 주요 위험요인이므로 표준체중을 유지하도록 한다.

② 양질의 단백질을 충분히 섭취한다.

혈관의 탄성 유지를 위해 단백질은 총 에너지 섭취량의 15-20% 또는 체중 kg당 1-1.5g이 권장되며 아미노산가가 높은 어류, 난백, 저지방유, 기름기 없는 육류, 콩류 및 콩제품, 계란, 버섯류 등을 섭취한다.

③ 동물성지방을 제한한다.

EPA(eicosapentaenoic acid)와 DHA(docosahexaenic acid)는 w-3계의 불포화지방산으로 혈중 콜레스테롤을 낮추어주므로 청어, 정어리, 꽁치, 전갱이, 연어 등의 생선류, 참기름, 들기름, 올리브유 등을 섭취하는 것이 좋고 가급적 기름을 쓰지 않는 조리법을 활용하는 것이 권장된다.

④ 콜레스테롤 섭취를 제한힌다.

하루 섭취량을 300mg 이하로 제한한다.

⑤ 당질을 제한한다.

단순당이 아닌 복합당질을 섭취한다.

⑥ 염분을 제한한다.

소금함량이 많은 음식은 고혈압이나 심장질환 발생의 위험을 높이므로 하루 5g 이하로 제한한다.

⑦ 비타민, 무기질 섭취를 충분히 한다.

지질의 산화를 막아주는 항산화영양소인 비타민C 요오드, 인 등을 충분히 섭취한다.

⑧ 식이섬유 섭취

수용성식이섬유는 콜레스테롤과 담즙산의 흡수를 막고 불용성의 식이섬유는 장내 유해물질의 배설을 쉽게 하므로 적당량 섭취한다.

⑨ 알코올 섭취제한

알코올은 중성지방을 증가시키므로 제한한다.

2) 뇌졸중(Stroke)

뇌졸중은 뇌 조직에 산소와 영양을 공급하는 뇌혈관이 막히거나 파열되어 발생한다.

(1) 원인

고혈압, 당뇨, 심근경색, 고질혈증, 흡연, 동맥경화, 뇌경색, 뇌출혈, 고호모시스테인혈증, 흡연

(2) 증상

심한 두통, 메스꺼움, 구토, 의식장애, 연하곤란, 운동이상, 지각이상, 언어장애

(3) 식사요법

① 염분을 제한한다.

염분섭취가 많아지면 순환혈액량이 증가하여 혈압이 상승되면서 뇌졸중이 발병할 수 있다.

② 지질섭취를 제한한다.

식물성 기름을 주로 사용하며 동물성 지방은 생선이나 우유 등으로 섭취한다.

③ 식이섬유 섭취

변비에 걸리지 않게 식이섬유를 충분히 섭취한다.

④ 마그네슘을 보충한다.

장기간의 강압제는 저마그네슘 혈증을 유발하며 뇌혈관순환을 악화시킨다.

3) 울혈성 심부전(Congestive heart failure)

심장의 펌프작용에 문제가 발생하여 수축력이 저하되어 혈액이 심장에 고여 조직으로의

혈액순환이 감소되어 혈액을 충분히 공급할 수 없는 상태이다.

(1) 원인

심장판막증, 심근질환, 허혈성질환, 만성신염, 폐기종, 고혈압, 과로, 감염, 임신, 비타민B_1부족

(2) 증상

부종, 호흡곤란, 기침, 천식, 간 비대, 복수, 발목부종, 피로, 집중력저하, 불면증, 운동 시 호흡곤란과 빠른 맥박수

(3) 식사요법

① 열량을 제한한다.

정상체중보다 비만일 때 심장의 부담이 더 커지므로 저열량식을 하여 정상체중을 유지하도록 하며 횡격막을 압박하여 심장에 부담을 주는 과식 및 폭식을 금하며 일회 식사량을 줄이고 횟수를 늘린다.

② 단백질을 충분히 섭취한다.

심근의 보수와 강화를 위해 단백질은 체중 1kg당 1g이상 충분히 섭취한다. 필수아미노산이 풍부한 육류, 생선, 달걀, 두부, 저지방우유 등을 매일 섭취한다.

③ 지방을 제한한다.

포화지방산, 콜레스테롤, 중성지방의 섭취를 줄이고 다가불포화지방산의 섭취를 늘리도록 육류보다는 어류나 식물성 유지를 사용하며 튀김음식이나 여러 번 기름에 사용한 음식을 피한다.

④ 당질을 제한한다.

설탕섭취를 줄이고 섬유소가 많은 고구마, 채소, 과일 등을 너무 많이 섭취하면 장내에서 가스가 발생되어 심장을 자극하므로 제한한다.

⑤ 염분을 제한하고 칼륨을 보충한다.

체내에 나트륨 저류로 인해 부종이 생기기 쉬우므로 경증은 5-7g, 중등증 3-5g, 중증 3g이하로 나트륨을 제한한다. 부종을 제한하기 위해 이뇨제를 사용할 때에는 저칼륨증을 일으키기 쉬우므로 칼륨을 보충하여야 한다. 칼륨은 바나나, 감자, 토마

토 등에 다량 함유되어 있다.

⑥ 수분을 제한한다.

수분은 부종이 있는 경우 1일 소변량에 따라 공급한다, 중증은 하루 1,000ml 이하로 제한하고 경증인 경우에는 2,000ml 정도로 공급한다.

⑦ 알코올을 제한한다.

알코올은 말초혈관을 확장시켜 심박수를 증가시키고 심장에 부담을 주므로 제한한다.

4) 허혈성심질환(sochemic heart disease)

심장근육의 산소 소비량과 관상동맥으로부터의 산소 공급량의 불균형에서 생기는 질환으로 산소필요량이 증가하거나 심장근육에 산소공급이 제대로 되지 않을 때 생기는 질환이다.

(1) 협심증(Angina pectoris)

협심증은 관상동맥에 콜레스테롤이 쌓여 혈관이 좁아지면 혈액이 흘러가기 어렵고 관상동맥의 혈류가 일시적으로 부족해지면 심장근육으로 보내는 산소 공급이 부족해져 갑작스런 통증이 생기는 병으로 '답답하고 눌린 듯한' 느낌 등의 증상을 나타낸다.

(2) 심근경색(Myocardial infarction)

심근경색은 관상동맥의 혈관이 심하게 좁아졌거나 혈전에 의해 혈액의 흐름이 막혀서 심장의 모세혈관에 혈액이 전혀 공급되지 않아 그 혈관의 지배하에 있는 심근세포가 굳어지면서 세포가 괴사를 일으키고 굳어져서 심근경색이 되는 것이다. 심한 흉통, 메스꺼움, 구토, 식은땀, 부정맥, 호흡곤란 등의 증세가 나타나며, 발작시에는 사망할 수도 있는 무서운 질병이다.

(3) 허혈성 심장질환의 식사요법

① 소화흡수가 잘 되는 음식을 섭취한다.

식사 후에는 심박수가 증가하고 혈압이 상승하며 심근의 산소 필요량이 증가하게 되어 심장에 부담이 되므로 소화흡수가 잘 되는 음식을 섭취한다.

② **열량을 제한한다.**

열량의 과잉 섭취는 심근의 산소 필요량을 증가시켜 심장에 직접 부담을 주므로 열량이 많은 음식은 제한한다.

③ **일정한 시간에 일정한 양을 규칙적으로 식사한다.**

편중 식사는 심장에 부담을 주므로 하루 세 끼 적당량의 음식을 천천히 식사하여 심장 부담을 줄인다.

④ **단백질, 비타민, 무기질을 충분히 섭취한다.**

심장근육의 기능을 돕기 위해 양질의 단백질, 비타민, 무기질 등을 충분히 공급한다.

⑤ **당질섭취를 제한한다.**

과잉의 당질은 체내에서 쉽게 중성지방으로 전환되므로 주의한다.

⑥ **콜레스테롤을 제한한다.**

하루 300mg 이하로 섭취하다.

⑦ **식염을 제한한다.**

심장에 부담을 줄이기 위해 하루 5g 이하로 제한한다.

⑧ **식이섬유를 충분히 섭취한다.**

변비는 발작을 유발하기 쉬우므로 변비에 걸리지 않게 식이섬유를 충분히 섭취한다.

⑨ **알코올과 카페인 음료를 제한한다.**

카페인 음료는 흥분제로 심장 부담을 증가시키므로 제한하고 알코올은 에너지가 높고 간에서 중성지방을 합성하게 되므로 제한하도록 한다.

⑩ **비타민은 충분히 섭취하고, 특히 비타민 E의 섭취를 충분히 한다.**

심장질환에 도움이 되는 식품

분류	좋은 식품
곡류	현미, 메밀, 대두, 고구마, 감자, 곤약,
채소류	버섯류, 마늘, 미나리, 도라지, 연근, 양파, 무, 쑥갓, 양배추, 오이, 질경이 가지, 당근, 토마토, 솔잎, 샐러리, 상추, 시금치, 마, 질경이
육류 및 생선류	달걀, 닭고기 오리고기, 굴, 모시조개
과일류	토마토, 복숭아, 아몬드, 사과, 유자, 레몬, 호두, 귤, 바나나, 딸기, 포도, 대추
해조류	김, 톳, 미역, 다시마
조미료	참깨, 현미식초, 후추, 들깨, 들기름, 강황
기호식품	인삼, 감초, 녹용, 황기, 칡, 결명자, 들깨, 해바라기씨, 감잎차, 땅콩

4 고지혈증

고지혈증이란 혈액내의 총콜레스테롤 수치가 높거나 중성지방이 높은 경우 또는 두 가지 모두 높은 경우를 말한다. 이런 상태가 오랜 기간 지속되면 동맥경화, 심혈관질환 등을 유발할 수 있다.

LDL 콜레스테롤 : 혈액에 찌꺼기 만듦(나쁜 콜레스테롤)
HDL 콜레스테롤 : 혈액에 쌓인 찌꺼기 청소(좋은 콜레스테롤)
LDL 콜레스테롤 + HDL 콜레스테롤 + 중성지방 = 총콜레스테롤

1) 증 상

고지혈증은 필요이상으로 많은 지방성분 물질이 혈액 내에 존재하면서 혈관 벽에 쌓여 염증을 일으키고 그 결과 심혈관계 질환을 일으키는 것이다. 최근에는 비정상적인 혈액내 지질 상태를 이상 지질혈증으로 정의하기도 한다. 유전적인 요인으로 인해 혈액 내에 특정 지질이 증가하여 고지혈증이 발생하는 경우가 많지만, 비만이나 술, 당뇨병 등과 같은 다른 원인에 의해서도 고지혈증이 생길 수 있다.

2) 운동요법

(1) 혈중지질을 개선시키기 위한 운동 프로그램이 진행
(2) 신체 활동을 늘리며 걷기, 등산, 수영 등 유산소 운동을 권장
(3) 주 당 3~4회 시상 강도에 따라 40~60분 정도 가능하며 20~30분을 2세션으로 나누어 진행
(4) 6개월 이상 지속하며 혈중지절의 변화는 중성지방 감소, 고밀도 콜레스테롤 증가

3) 식사요법

(1) 식사원칙

① 정상체중을 유지한다.
② 포화지방산과 콜레스테롤 등의 지방섭취량을 줄인다.
③ 섬유소가 풍부한 식사를 한다.
④ 지나치게 짠 음식을 피한다.
⑤ 단당류의 섭취를 제한한다.
⑥ 술은 되도록 삼간다.

(2) 지방섭취량을 줄인다.

지방은 총열량의 20% 이내로 하여 포화지방산과 콜레스테롤 함량이 높은 동물성 기름보다는 식물성 기름을 이용한다.

(3) 섬유소가 풍부한 식사를 한다.

(4) 단당류 섭취를 제한한다.

설탕을 비롯한 단 음식, 단 음료수 섭취를 삼간다.

(5) 섭취를 제한해야 할 식품(포화지방산)

육류의 기름기, 삼겹살, 닭껍질, 버터, 소시지, 베이컨, 치즈, 크림, 초콜릿, 코코넛 등

(6) 섭취를 제한해야 할 식품(콜레스테롤)

기름기 많은 육류, 사골국물, 오징어, 장어, 새우, 계란노른자, 내장류, 명란, 닭껍질, 버터, 마요네즈 등

(7) 섭취를 권장(다불포화지방산)

혈액 내 콜레스테롤 수치를 낮춰 심혈관질환을 예방

(8) 오메가-3 지방산

다불포화지방산의 한 종류로 포화지방산 대신 사용할 때 혈액 내 나쁜 콜레스테롤(LDH-콜레스테롤)을 감소시키며 심장병에 유리한 역할을 한다.

등푸른 생선(연어, 참치, 꽁치, 고등어 등), 들기름 등에 많이 들어 있다.

5 고혈압

(1) 정의

혈압은 혈관 내벽에 혈액이 미치는 힘으로 수축기 혈압과 이완기 혈압으로 표시하며 고혈압은 수축기 혈압이나 이완기 혈압이 지속적으로 상승된 상태를 말하며 수축기 혈압이 140mmHg 이상, 이완기 혈압이 90mmHg 이상일 때를 말한다.

(2) 분류

① 일차성 고혈압(본태성 고혈압)

고혈압 환자의 대부분인 85~90%를 차지하며 명확한 원인 없이 혈압이 상승되어 위험을 나타내므로 '침묵의 살인자'라 불린다.

② 이차성고혈압(속발성고혈압)

㉠ **신장질환 :** 신부전, 신장염, 신혈관성고혈압

㉡ **내분비질환 :** 부신쿠싱병, 갑상선기능저하증, 갑상선기능항진증, 호르몬섭취(피임제, 스테로이드)

㉢ **혈관질환 :** 대동맥협착증

㉣ **임신합병증 :** 자간증, 임신중독증

㉤ **신경질환 :** 뇌압상승

(3) 고혈압 발생 인자

① 유전

② 식습관

과식과 육식을 즐기며 지방 음식과 짠 음식을 즐겨 먹는 식생활 문제

③ 소금의 과다 섭취

과량의 소금을 섭취하면 나트륨을 체내에 많이 축적하여 세포 외액량을 증가시키고 세동맥의 저항성을 높여 혈압을 상승시킨다.

④ 연령

⑤ 스트레스

정신적 스트레스를 받으면 교감신경계가 항진되어 고혈압 발생률이 높다.

⑥ 호르몬 조절 장애

⑦ 비만

(4) 증상

두통, 어지러움, 이명, 불면증, 피로, 숨이참, 두근거림 심하면 뇌, 심장, 신장 장애, 뇌출혈, 단백뇨, 요독증

(5) 식사요법

① 식염을 제한한다.

나트륨은 수분을 보유하는 성질이 있어 소금을 많이 섭취하면 혈액의 부피가 커지고 혈관이 압력을 많이 받아 혈압을 상승시키고 부종을 유발하므로 소금함량이 높은 식품은 피하며 소금 섭취를 하루 5g이하로 줄인다.

소금함량이 높은 식품

절임식품	젓갈류, 장아찌, 자반고등어, 굴비
훈연, 어육식품	햄, 소시지, 베이컨, 훈제연어
스낵식품	포테이토, 팝콘, 크래커
인스턴트 식품	라면, 통조림식품, 즉석식품류
가공식품	치즈, 마가린, 버터, 케찹
조미료	간장, 된장, 고추장, 무스타소스, 바비큐소스

② 정상체중을 유지한다.

비만이 되면 혈액순환이 늘어나 더 많은 혈액을 요구하게 되면서 혈압이 올라가고 혈관벽이 두꺼워지면서 탄력을 잃어 혈액의 압력을 이겨내기 어려워진다.

③ 포화 지방섭취를 줄인다.

불포화지방산은 혈압을 내리고 혈전을 예방하므로 포화지방 대신 식물성기름이나 어류에 많은 불포화지방산을 충분히 섭취한다.

④ 칼륨 섭취를 충분히 한다.

칼륨은 나트륨과 길항작용을 하여 혈압을 저하시키므로 칼륨이 풍부한 신선한 과일이나 야채를 충분히 섭취한다.

⑤ 질 좋은 단백질을 섭취한다.

단백질 섭취 부족은 혈관벽을 튼튼하게 하는 콜라겐 합성에 문제가 생기게 하므로 식물성단백질 위주의 질 좋은 단백질을 섭취한다.

⑥ 식물성섬유소를 충분히 섭취한다.

변비는 혈압을 상승시키는 요인이 될 수 있으며 혈액의 점도가 높아지는 것을 방지하는 섬유소를 충분히 섭취하여 변비를 예방한다.

⑦ 칼슘 섭취를 충분히 한다.

칼슘은 혈관 탄성을 증가시키고, 신경을 이완시키며 단백질 분해 시 생긴 산성 독소를 중화시키므로 칼슘이 많이 함유된 녹황색 채소와 유제품 등을 충분히 섭취한다.

고혈압에 도움이 되는 식품

분류	좋은 식품
곡류	현미, 옥수수, 콩, 메밀, 녹두,
채소류	마늘, 양파, 미나리, 감자, 당근, 고사리, 피망, 무, 죽순, 표고버섯, 신선초, 호박, 오이, 콩나물, 시금치, 숙주나물, 고구마, 양배추, 쑥갓, 샐러리, 쑥, 토마토, 레몬, 목이버섯
해조류	김, 톳, 다시마
육류 및 생선류	닭고기, 달걀, 오리고기, 미꾸라지, 잉어, 굴, 돼지고기, 해삼, 참치,
과일	토마토, 살구, 잣, 복숭아, 수박, 레몬, 사과, 유자, 은행, 석류, 포도, 귤, 감, 대추, 키위
조미료	참깨, 현미식초, 들깨 들기름, 된장, 청국장
기호식품	영지, 구기자, 양파껍질, 솔잎, 익모초, 두충차, 토룡, 인삼, 산사자, 칡, 결명자, 호박씨, 해바라기씨

⑧ 술을 제한한다.

알코올 섭취량과 혈압은 양의 상관관계이므로 제한한다.

⑨ 카페인 음료를 제한한다.

하루 150mg의 카페인은 혈압을 상승시키므로 제한한다.

6 당뇨병(Deabetes melitus)

1) 정 의

당뇨병(diabetes melitus)은 내분비계통의 이상에서 오는 질병으로, 희랍어로 'Diabetes'란 '관(siphon) 또는 통과한다(to pass through)'이고 'melitus'는 라틴어로 '꿀(honey)'을 뜻하며 이는 체내의 수분과 당이 인체를 관으로 하여 체외로 배출되는 것을 의미한다.

즉, 우리 몸 안에서 인슐린(혈당을 조절하는 호르몬)이 부족하거나 그 기능을 제대로 발휘하지 못해 포도당이 세포내로 들어가지 못하고 혈액내에 필요이상으로 축적되면서 소변으로 당이 배설되며 여러 가지 증상을 나타내는 질병이다.

2) 진단 및 검사방법

(1) 진단

다음의 세 가지 항목 중 한 가지 이상이 서로 다른 날에 2회 나타나면 당뇨병으로 진단한다.

① 8시간 이상 공복 후 혈장 포도당 농도가 126mg/dl 이상일 때

② 식사와 관계없이 검사한 혈장 포도당 농도가 200mg/dl 이상이면서 당뇨병의 전형적인 증거인 다갈, 다뇨, 체중감소 등이 있을 때

③ 경구당부하 검사에서 2시간 혈장 포도당 농도가 200ml/dl 이상일 때

(2) 검사방법

① 요당검사

정상인의 소변에서는 포도당이 거의 배설되지 않으나 혈당치가 170~180mg/dl 이상이면 포도당의 최대 세뇨관 재흡수량을 넘어 당뇨가 나타나게 되면 이를 포도당의 신장 역치라 한다.

② 경구 당부하검사

경구 당부하 검사(oral glucose tolerance test, OCTT)는 외부의 당부하에 대한 혈당반응을 평가하는 방법이다.

공복시 혈당을 측정하고 준비된 포도당(성인은 75g, 어린이는 표준체중 1kg당 1.75g으로 최고 75g까지)을 물 250-300ml에 녹인 후 약 5분에 걸쳐서 마시게 한다. 공복시와 포도당 용액 섭취 후 30분, 60분, 90분, 120분의 30분 간격으로 5회에 걸쳐 채혈하여 포도당 투여에 따른 신체의 적응능력을 측정하는 검사이다. 정상인은 당부하 후 30분이 되면 최고 혈당치에 이르고 2시간 후에는 정상 혈당치가 된다.

③ 혈당검사

혈당은 채혈하는 혈액 종류, 음식섭취 여부와 섭취시간에 따라 다르다. 정상인의 혈액에서 포도당 농도는 공복시에 70-110mg/dl이다.

④ 당화혈색소 검사

당화혈색소(glycosylated hemoglobin, HbAlc)는 당이 헤모글로빈에 결합하여 형성되며 효소 없이 비가역적으로 진행된다. 당화혈색소는 적혈구의 평균 반감기인 7-8주 이전의 혈당치와 비례하게 되며 혈당이 잘 조절된 후 4주가 경과해야 당화혈색소가 감소한다. 당화혈색소의 정상범위는 6-7.5%이며 당뇨병의 경우 11%이상으로 증가한다. 당화혈색소는 비교적 장기간에 걸친 혈당수준을 반영하므로 당뇨병의 일차적인 진단 목적보다는 당뇨병으로 확진된 환자의 혈당조절 정도를 평가하는데 중요한 역할을 한다.

3) 원 인

(1) 유전적요인

가족력이 있는 경우에 동일 가계 내 당뇨병이 많이 발생한다.

(2) 환경적요인

① 연령과 성별

중년이후에 많이 발생하며 연령이 증가함에 따라 발병률이 높다. 또한 여성이 남성보다 높다.

② 비만

인슐린 수용체 수와 인슐린 민감도를 감소시킴으로써 세포안으로의 포도당 수송을 저하시켜 당뇨병의 발병을 촉진한다.

③ 식습관

세포가 좋아하지 않는 나쁜 식습관은 세포안으로 들어갈 수 없어 대사가 활발하게 이루어지지 못한다.

④ 호르몬분비

뇌하수체, 갑상선, 부신호르몬 등과 같은 내분비계에 이상이 있으면 당뇨병의 위험이 높아진다.

⑤ 스트레스

스트레스를 받으면 스트레스 호르몬들은 인슐린의 분비를 억제하거나 인슐린의 작용을 떨어뜨려 당대사에 이상을 초래하여 혈당을 높인다.

⑥ 약물남용

스테로이드 제제는 장기간 복용시 당뇨병에 걸릴 확률이 높다.

⑦ 외과적 수술

위절제나 췌장절제 수술시

⑧ 운동부족과 무절제한 생활

4) 증상 및 합병증

삼다일소(三多一少) : 다음, 다식, 다뇨, 체중감소

(1) 소변이 잦다(특히 밤에).

(2) 항상 피로하고 체중이 줄어든다.

(3) 갈증이 심하다.

(4) 공복감이 심하다.

(5) 피부가 건조하고 가렵다.

(6) 잇몸에 염증이나 출혈이 잘 생긴다.

5) 분 류

(1) 제1형 당뇨병(인슐린의존형)

유전적 소인이 있는 환자에게서 화학물질, 약제 및 바이러스가 작용함으로써 면역기능에 이상이 생기고, 췌장의 베타세포가 파괴되어 인슐린의 분비가 절대적으로 부족하여 발병하며 반드시 인슐린주사가 필요하다.

(2) 제2형 당뇨병(인슐린비의존형)

인슐린의 분비량이 상대적으로 적거나 인슐린의 작용이 떨어져 발병하며 인슐린이 반드시 필요하지 않으며 식사요법이나 운동요법으로 치료 가능하다.

(3) 임신성 당뇨병

임신 중 태반 호르몬의 분비로 체내의 인슐린 저항성이 증가되면서 발생한다. 산모가 30세 이상인 경우, 당뇨병의 가족력이 있거나 거대아, 기형아 및 사산아를 출산한 경험이 있는 경우, 산모가 비만, 고혈압, 요당이 있는 경우 임신성 당뇨병의 위험성이 있다.

6) 당뇨병의 관리

(1) 혈당관리

① 저혈당증

혈당이 50mg/dl 이하로 떨어지면 어지러움, 식은땀, 의식장애, 혼수, 뇌세포 기능장애 등이 생긴다. 이는 인슐린 용량이 너무 많거나, 운동을 심하게 한 후 식사를 거르거나 설사를 하는데도 인슐린투여량을 줄이지 않았을 때, 인슐린 주사량에 비해 식사량이 적거나, 운동을 과다하게 한 경우에 생긴다.

② 당뇨병성 케톤산혈증

인슐린이 부족하면 지방조직 분해가 많아지면서 케톤체가 생성된다.

제1형 당뇨에게서 문제가 되고 있으며 아세톤 냄새가 나며 얼굴이 붓고 호흡곤란, 두통, 구토, 갈증 등의 증상이 나타난다. 이때에는 신속하게 효과적인 용량의 인슐린 투여를 하고 탈수 및 전해질 불균형의 교정을 위해 수분과 전해질을 정맥주사로 공급한다. 또한 당뇨병성 케톤산증 환자는 삼투성 이뇨로 인한 칼륨부족을 동반 하므로 오렌지주스, 탄산수, 죽이나 미음 등을 공급하여 칼륨과 포도당을 보충한다.

③ 당뇨병성 혼수

제2형 당뇨병 환자에서 흔히 볼 수 있고 당뇨병성 케톤산증에 비하여 서서히 진행되며 체내에서 포도당을 정상적으로 이용하지 못하고 지방이 과다하게 하여 발생하는 것으로 두통이나 심한 복통, 중추신경계 증상 등이 동반되며 혼수상태에 빠진다.

7) 식사요법

식사요법은 적절한 영양섭취와 3대 영양소의 균형있는 배분 그리고 다른 치료법과 조화를 이루어야 하며 당뇨병 치료와 관리에 있어 식사요법은 평생 중요하다.

(1) 총 열량 섭취량을 적절하게 조절한다.

① 정상체중 유지를 위해 열량을 조절하여 비만이 되지 않도록 한다.

② 탄수화물은 총 열량의 55~60% 정도 섭취하며 복합전분과 섬유소가 많은 잡곡을 섭취한다.

③ 단백질은 총 열량의 15~20% 정도 섭취하며 섭취 단백질의 1/3은 동물성 단백질로 섭취한다.

④ 지방은 총 열량의 20~25%를 섭취한다. 포화도가 높은 동물성 지방보다는 불포화도가 높은 식물성 위주로 섭취한다.

⑤ 비타민, 무기질의 공급이 원활하도록 녹황색 채소와 해조류, 과일 등을 충분히 섭취한다. 당질대사를 촉진하기 위한 비타민 B군을 충분히 섭취한다.

(2) 식사시간과 간격을 일정하게 한다.

혈당의 심한 변동과 저혈당을 막기 위해 식사 횟수를 5~6회로 늘리고 규칙적으로 식사하며 간식과 과식을 절제한다.

(3) 염분 섭취를 줄인다.

자극성 없이 싱겁게 먹는다.

(4) 천천히 오래 씹어서 먹는다.

소화기 내에서 충분하게 효소가 작용할 수 있고 포만감을 느낄 수 있으므로 과식을 예방할 수 있다.

(5) 불포화지방산인 식물성 기름을 섭취하며 콜레스테롤과 포화지방 섭취를 제한한다.

(6) 설탕이 많이 함유된 음식이나 꿀 등 단순당은 피한다.

정제된 당분 섭취는 혈당을 직접적으로 상승시키고 필수 미량 원소의 부족을 초래하는 위험인자이다.

(7) 칼로리만 있는 알코올류는 금지한다.

알코올류는 혈당 조절을 어렵게 하므로 금지한다.

(8) 충분한 식물성 섬유질 식사를 한다.

식이 섬유소는 인슐린 요구량을 감소시키고 혈당이 순간적으로 오르는 것을 방지하며 혈중 콜레스테롤과 중성지방의 수준을 낮춘다. 총 섭취량의 40% 이상을 공급하는 것이 좋다.

(9) 전체 식품을 섭취한다.
잡곡은 도정하지 않은 전곡을 이용하고, 채소는 뿌리부터 잎까지, 생선은 껍질부터 잔뼈까지 전체식품을 섭취하는 것이 좋다.
(10) 인슐린 주사를 맞을 경우 취침 2시간 전에 밤참을 꼭 먹는다.
(11) Cr, Zn, Ca, Fe 등이 많이 함유된 식품을 충분히 섭취한다.
(12) 췌장 β 세포의 기능 저하를 방지하기 위해 미량 무기영양소를 충분히 섭취한다.

8) 당뇨환자의 발관리

(1) 발톱은 너무 짧게 깍지 않는다.
(2) 혈액순환에 장애를 주는 다리를 꼬는 자세는 피한다.
(3) 신발은 발가락에 압력을 주지 않는 잘 맞고 편안한 것을 선택한다.
(4) 맨발은 피하고 양말은 통풍, 흡수, 보온이 잘 되는 면양말이 좋으며 발목을 조이는 양말은 피한다.
(5) 티눈, 물집, 외상은 병원에서 무균적 시술을 한다.
(6) 운동 후에는 미지근한 물로 씻은 후 다리를 올려놓거나 혈액순환에 좋은 발가락 및 발목 운동을 한다.
(7) 발 씻을 때마다 상처나 이상이 없는지 확인한다.

9) 혈당지수(glycemic index, GI)

일정한 양의 시료식품 탄수화물을 섭취한 후의 혈당 상승 정도를 같은 양의 표준 탄수화물 식품을 섭취 후의 혈당 상승 정도와 비교한 값을 말하며 GI 수치가 낮은 식품을 선택해 인슐린 요구도를 높이지 말아야 한다.

주요 식품의 100g당 GI 수치

GI 수치 60 이상인 식품은 되도록 피하거나 식사 후반에 섭취

주식(밥, 면, 빵 등)	
정백미	85
팥밥	77
배아미	70
현미	56
배아현미	54
바게트	93
식빵	91
버터롤	83
크로아상	68
전립분 빵	50
우동(생면)	80
인스턴트 라면	73
소면(건면)	68
스파게티(건면)	65
메밀국수(생면)	59

채소·근채류	
감자	90
당근	80
참마	75
무말랭이	74
옥수수	70
단호박	65
마	65
토란	64
고구마	55
우엉	45
양파	30
토마토	30
양배추	26
무	26
피망	26
가지	25
오이	23
시금치	15
버섯류	28

육류·어패류	
소고기 (허벅다리 살)	46
돼지고기(로스)	45
닭고기(닭다리)	45
참치(붉은 살)	40
장어(양념구이)	43
전갱이	40
정어리	40
고등어	40
꽁치	40
구운 어묵	55
찐 어묵	51

과일	
파인애플	65
수박	60
바나나	55
포도	50
멜론	41
사과	36
귤	33
바나나(말린 것)	65
건포도	57

과자류	
사탕	108
팥빵	95
초콜릿	91
전병	89
찹쌀떡	88
도넛	86
쿠키	77
아이스크림	65
포테이토칩	60

두류	
채에 거른 팥소	80
으깬 팥소	78
두부	42
낫토	33

유제품·계란	
우유	25
계란(날 것)	30
가공치즈	31
버터	30

10) 당뇨에 좋은 식품

(1) **주식 :** 현미, 율무, 보리, 콩류

(2) **채소류 :** 버섯, 샐러리, 두릅, 치커리, 무, 시금치, 오이, 다시마, 호박, 보리싹, 양배추

(3) **과일 :** 수박, 토마토, 배

(4) **기호식품 :** 인삼(홍삼), 달팽이, 누에가루, 산수유, 녹차, 구기자

7 비 만

영양과잉으로 인한 비만이 급증하고 있으며 특히 연령대별로 보면 중년기의 비만 유병률은 40%를 넘어서고 있으며 특히 여자는 폐경기 이후인 50대부터 비만이 급증하고 있다.

세계보건기구(WHO)에서는 비만을 '비만병'으로 분류하여 국제질병(international cord of disease, ICD-9 code)으로 등록하였으며 비만의 치료방법에는 식사요법, 운동요법, 행동요법, 수술요법, 약물요법 등이 실시되고 있으며 식생활을 바르게 교정하는 것만으로도 대부분 치료가 가능하다.

1) 특 성

(1) 비만의 생리

① 에너지 평형상태

열량 섭취량이 열량 소비량보다 많으면 양의 에너지 평형(positive energy balance), 열량 소비량이 열량 섭취량보다 많으면 음의 에너지 평형(negative energy balance)이라고 한다. 양의 에너지 평형상태는 남은 열량을 중성지방(triglyceride)의 형태로 지방조직(adipose tissue)에 저장하므로 체내에 지방이 증가하게 된다.

② 체지방량

체내지방은 조직지방과 저장지방으로 나누어지며 조직지방은 골수, 심장, 폐, 간, 비장, 신장, 소장, 근육, 신경계의 지방을 함유하는 조직에 들어있으며 정상적인 생리 작용을 하도록 한다. 저장지방은 피하 및 장기의 지방조직에 축적되어 있으며 장기를 보호한다. 저장지방의 양은 성별, 연령, 운동, 식사, 기후 등에 의하여 영향을 받는다.

③ 백색 지방세포와 갈색 지방세포

백색 지방세포는 신장주변, 복강, 피하, 근육섬유 사이에 위치하고 크기가 크고 미토콘드리아 수가 적으며 장기를 보호하고 주된 기능은 에너지를 저장하는 것이다. 갈색 지방세포는 목, 등, 겨드랑이, 내장 주변에 위치하며 크기는 백색 지방세포의 약 10%에 불과하나 미토콘트리아 수가 많다. 갈색 지방세포는 신생아에게 많으며 많은 수의 미토콘트리아가 추울 때 열을 발생하여 주위 세포에 전달한다. 갈색 지방세포는 몸에 저장된 중성지질을 분해하여 ATP가 AMP로 전환되도록 하므로 체내에 저장된 과잉의 에너지를 소비하도록 한다.

2) 원 인

(1) 유전적요인

정상인 부모들에게서 자녀가 비만이 될 확률은 10% 이하이고 부모 한 쪽이 비만일 경우에는 자녀의 약 50%가 비만이 될 수 있으며 양부모 모두 비만일 경우 자녀가 비만일 가능성은 약 80%이다.

(2) 식품섭취 조절의 이상

뇌하수체 시상하부의 외측부위(섭식중추)가 자극을 받으며 식욕이 생겨 음식을 섭취하고 내측부위(포만중추)가 자극을 받으면 포만감을 느껴서 음식을 섭취하지 않게 된다. 내측부위에 손상이 생기면 포만감을 느끼지 못하고 계속해서 음식을 먹게 되므로 비만이 된다.

(3) 내분비 질환

인슐린 과다 분비, 난소 절제술, 에스트로겐, 프로게스테론 분비에 이상이 있으면 비만이 된다.

(4) 신체 활동량의 감소

25세 이후부터는 기초대사량과 활동대사량이 감소되므로 열량 섭취량도 감소되어야 한다.

(5) 식습관

고탄수화물, 고지방식사, 야식증, 폭식증, 과식을 하면 비만이 된다.

(6) 약물복용

코스티코스테로이드, 신경안정제, 우울증치료제 등의 약물을 복용하면 비만이 될 수 있다.

(7) 심리적인 요인

피로, 스트레스, 외로움, 분노 등으로 과식을 하게 되면 비만이 될 수 있다.

3) 비만의 형태

(1) 지방위치에 따른 분류

① 상체비만: 남성형, 사과형 비만

복부에 지방이 많은 체형으로 남성 비만에게 많다.

② 하체비만: 여성형, 서양배형 비만

둔부와 대퇴부에 지방이 많은 체형으로 여성 비만에서 많다.

(2) 지방세포의 특징에 따른 분류

① 지방세포 증식성 비만

유년기와 아동기에 열량과다와 에너지소비의 불균형으로 주로 발생하며 지방세포 수가 증가하는 비만이다. 지방세포의 수를 감소시키기는 어려우므로 치료가 어려우며 성인 비만으로 이어질 가능성이 많다.

② 지방세포 비대성 비만

성인이 되어 주로 시작되며 중년 이후나 임신기에 많이 발생하며 지방세포수는 정상에 가까우나 지방세포 크기가 커지는 비만으로 체중이 줄면 지방세포의 크기도 줄어들므로 치료는 증식형 비만보다 쉽다.

③ 지방세포수와 크기가 모두 증가하는 비만

고도 비만에서 주로 나타난다.

4) 비만으로 인한 질환

(1) 심혈관 및 뇌혈관 질환

비만한 사람들은 혈중 중성지방과 저밀도지단백이 높으며 고밀도지단백은 낮으므로 심혈관 및 뇌혈관 질환의 발병위험을 높이는 위험인자이다.

(2) 제2형 당뇨병

비만한 사람들은 인슐린 저항성으로 인해 제2형 당뇨병 발현이 높다.

(3) 여성 관련 질환

다낭성 난소 증후군, 불임, 월경이상과 비만은 깊은 관계가 있으며 특히 복부비만은 안드로겐의 분비를 유도하여 호르몬의 변화로 월경이상과 불임의 원인이 될 수 있다.

(4) 호흡기능

복부둘레와 목둘레가 두꺼울수록 누운 자세에서 상기도가 좁아지므로 호흡기 이상과 연관성이 있으며 수면 무호흡이 가장 흔한 문제이다.

(5) 근골격계 이상

비만은 척추와 관절에 부담을 주어 요통과 골관절염의 위험을 증가시킨다.

(6) 통풍

고요산혈증을 유발하여 통풍발생의 위험을 증가시킨다.

(7) 암

정상체중보다 비만은 암의 발생률이 높다.

(8) 간, 담도계 질환

담즙내 콜레스테롤 농도가 증가하여 담석이 생기므로 비만한 사람은 담낭질환이 많으며 특히 지방간이 흔하다.

(9) 정신적 문제

비만은 자아존중감이 낮고 대인관계에 자신감이 없어 불안이나 우울증의 감정적인 문제를 일으킬 수 있다.

5) 비만판정법

(1) 비만도에 의한 방법

신장과 체중을 측정하여 브로카법에 의해 비만도를 구한다.

신장 > 160cm	= (신장(cm) − 100)×0.9
150cm < 신장 < 160cm	= (신장(cm) − 150)×0.5 + 50
신장 < 150cm	= 신장(cm) − 100

비만도(%) = (실제체중 − 표준체중) / 표준체중 × 100

비만도가 90% 이하	: 저체중
90 ~ 109%	: 정상체중
110 ~ 119%	: 과체중
120 ~ 139%	: 비만
140 이상	: 고도비만

(2) 체질량지수(body mass index, BMI)에 의한 방법

신장과 체중을 이용하여 체지방의 양을 추정한다.

BMI = 체중(kg) / 키^2(m)^2

18.5 미만은 저체중

18.5 ~ 22.9는 정상

23 ~ 24.9는 과체중

25 ~ 29.9는 중등도 비만

30 이상은 고도 비만

(3) 체지방 측정에 의한 방법

① 피하지방 두께 측정법

켈리퍼(skinfold thickness caliper)로 삼두근, 이두근, 견갑골하부, 복부, 대퇴부를 주로 측정한다.

② 생체전기저항측정법(bioelectrical impedence analysis BIA)

지방조직은 체지방조직에 비해 전기가 잘 통하지 않아 전기저항이 많이 발생되는 것을 이용하여 생체전기저항 측정기에 약한 전류를 흘린 다음 되돌아오는 저항을 측정하여 체지방이 여자 30%, 남자 25% 이상일 때 비만이라 한다.

③ 근적외선 반응 측정법

근적외선 반응 측정법은 적외선을 이두근에 통과시켜 지방조직과 근육이 적외선을 통과시키는 원리를 이용하여 측정한다.

④ 이중 열량 X-선 흡수계

이중 열량 X-선 테이블에 누워서 측정한다.

⑤ 수중 측정법

체지방은 근육에 비해 밀도가 낮다는 원리를 이용하여 본래의 체중과 수중에서의 체중의 차이를 이용하여 체지방을 측정한다. 수중 측정법은 체지방 함량을 측정하는 가장 정확한 방법이나 비용이 많이 들고 건강한 사람에게만 적용할 수 있는 단점이 있다.

⑥ 허리와 엉덩이 둘레를 측정하여 이용한 방법

허리둘레는 가장 가는 부분을, 엉덩이는 가장 튀어나온 부분의 둘레를 재어 허리-엉덩이 둘레비가 남자 0,95이상, 0,85 이상일 때 복부비만으로 판정한다.

⑦ 단층활영법(computer tomography, CT)에 의한 방법

X- ray가 체조직을 통과하면서 피하지방과 내장지방(복강 내 지방) 축적 정도를 알아내는 방법으로 지방 분포를 정확히 알 수 있다. 내장지방이 많으면 많은 대사질환에 노출된다.

6) 복부비만 평가

(1) 피하지방형 vs 내장지방형

피하지방형은 복강 밖 내의 피부 밑에 비장이 축적되는 것으로 복강과 배의 피부사이에 두께가 두꺼워지는 형태를 말하며, 주로 성장기에 있는 청소년 혹은 젊은 여성들에게 많은 유형이다.

반면 내장지방형은 위 주변의 막과 복강내부 내장 사이를 가르는 장간막에 지방에 쌓여 살이 찐 것을 말하며, 잘못된 식생활과 무절제한 생활, 과도한 스트레스, 운동결핍 등으로 인하여 기초대사량이 저하되어 있는 중년의 남성과 여성에게 주로 나타나며, 성인병의 발병률과 아주 밀접한 관계가 있다.

(2) 복부비만의 평가

일상적으로 허리와 엉덩이의 비율로 측정한다. 남성의 경우 WHR비가 0.9 이상일 때를 복부비만으로 분류하고, 여성의 경우는 0.85가 기준이 된다.

7) 체중감량을 위한 식사요법

(1) 식사의 횟수와 양

일정한 시간에 일정한 양을 섭취하고 식사속도는 천천히 하도록 하며 저녁 7시 이후 야식과 간식은 금한다.

(2) 영양소의 적정 비율 섭취

당질 55~60%, 지방 15~20%, 단백질 20~25%의 비율로 영양소섭취를 고려한다.

① 적정 단백질 섭취

체중 kg 당 0.9~1.5g의 식물성단백질을 충분히 섭취한다. 두부, 두유, 콩류, 흰살생선, 난백, 닭가슴살 등 지방이 적은 단백질 식품을 섭취하는 것이 좋다.

② 지방

지방이 부족하면 성장장애나 피부염의 원인이 되므로 필수 지방산을 충분히 섭취한다.

③ 탄수화물

탄수화물을 지나치게 제한하면 지방이 불완전 산화하여 케톤체를 생산하여 케토시스의 원인이 되며, 뇌신경계는 포도당만을 에너지원으로 사용하므로 하루에 최소 100g 정도의 탄수화물을 꼭 섭취해야 한다.

④ 비타민과 무기질

체내 대사를 원활하게 하기위해 충분히 공급되어야 하며 특히 800kcal 이하의 식사를 처방할 때에는 섭취가 부족하지 않도록 한다.

⑤ 물

물은 포만감을 주고 노폐물을 체외로 배출시키므로 하루에 1,5L 이상 마시는 것이 좋다.

(3) 조리방법의 변화

열량을 생각해 튀김보다 굽거나 찌는 요리를 택한다.

(4) 식이섬유소의 섭취

① 수분을 흡수해서 팽창하여 소화관의 운동을 활발히 한다.

② 장내 유해성분을 흡착해서 변의 용적을 증가시켜 변비를 억제한다.

③ 열량이 없으면서 팽창해 포만감을 준다.
④ 당의 흡수를 지연시켜 혈당상승을 억제한다.
⑤ 담즙산과 콜레스테롤을 흡착해서 배출하여 혈중 콜레스테롤을 낮추어 준다.

(5) 서서히 체중을 줄여 나간다.

1주일에 0.5~1kg을 줄이는 것이 바람직하며 표준체중보다 더 나가는 체중의 10%를 줄였다면 이를 6개월 동안 유지한다.

(6) 한 종류 식사는 금한다

한 종류 식사(one food diet)는 균형 잡힌 영양소의 균형이 불가능하므로 피한다.

(7) w-6계와 w-3계 지방산 균형

4;1에서 10;1의 비율로 섭취해야 하며 w-6계 지방산은 들기름, 카놀라유, 두유, 호두에, w-3계 지방산은 연어, 고등어, 정어리 같은 어류에 많이 함유되어 있다.

8) 체중감량을 위한 행동수정요법

행동수정	구체적인 방법
자기통제하기	1) 장보기 ① 장보기는 식사 후에 한다. ② 구매한 물건의 리스트를 적는다. ③ 편의 식품을 사지 않는다. ④ 꼭 필요할 때에만 장보기를 한다. 2) 계획세우기 ① 최소한의 양만 먹는다. ② 간식이 생각나면 대신 운동을 한다. ③ 식사, 간식은 정해진 시간에 하고 결식을 하지 않는다. 3) 행동 ① 음식은 눈에 보이지 않는 곳에 보관하며, 충동적으로 먹지 않도록 한다. ② 식탁 등 한 장소에서만 음식을 먹는다. ③ 소스나 양념을 식탁에 놓지 않는다. ④ 접시나 그릇은 작은 것을 사용한다.

식습관 교정하기	① 음식을 먹는 사이에 수저를 식탁에 내려놓는다. ② 음식을 꼭꼭 씹는다. ③ 접시의 음식을 모두 먹지 않고 남긴다. ④ 식사와 식사 사이에 간식을 먹지 않는다. ⑤ 식사시간에는 책을 읽거나 TV를 보지 않는다.
보상하기	① 가족과 친구에게 도움을 청한다. ② 가족이나 친구가 칭찬이나 물질적 보상을 하도록 한다. ③ 자신을 평가하여 보상한다. ④ 행동 수정이 매우 잘 되었을 때에는 특별히 보상한다.
식사일기장 쓰기	① 음식을 먹은 시간과 장소를 적는다. ② 먹은 음식의 종류와 양을 적는다. ③ 식사를 같이 한 사람, 그 때의 자신의 느낌을 적는다.
설정목표 변경하기	① 실현 가능한 목표를 세운다. ② 과정을 중요시 한다. ③ '항상' 또는 '절대로 ~하지 않는다' 등의 극단적인 계획은 세우지 않는다. ④ 설정한 목표를 변경할 때에는 부정적인 측면도 생각한다.

9) 효과적인 조리방법

(1) 기름을 사용하는 조리법은 피하며 오븐이나 석쇠를 이용한다.

(2) 볶음은 팬을 충분히 달군 후 조리한다.

(3) 양이 많아 보이게 조리하며 작은 접시로 수북히 담는다.

(4) 천연 조미료로 조리한다.

(5) 싱겁고 담백하게 간한다.

(6) 발효간장 대신 채소간장을 만들어 활용한다.

(7) 신선도 높은 생식 위주로 섭취한다.

(8) 흰밀가루, 흰설탕을 사용하는 조리법은 피한다.

(9) 당분이나 지방 등이 첨가되는 통조림 식품으로 조리하지 않는다.

8 알레르기

1) 정 의

알레르기는 1906년 Von Priquet에 의해 처음으로 연구되었으며 어원은 그리스어로 '변화된 조직 반응(altered tissue reaction)'이라는 뜻이다. 알레르기(allergy)를 일으키는 항원을 알레르겐(allergen)이라하고 알레르겐이 체내에 들어오면 이에 대한 항체가 만들어져서 그 후에 동일한 알레르겐이 들어왔을 때 항원-항체 반응으로 인체에 불리한 상해를 일으키는 것을 말한다.

2) 분 류

분류	항체	관련질환
체액성면역반응		
(1) 1형(아낙필락시형)	IgE	아토피성피부염, 기관지, 천식, 알레르기성 비염
(2) 2형(세포독성, 융해형)	IgG, IgM	자가면역성 용혈, 약물알레르기
(3) 3형(면역복합체형)	IgG, IgM	사구체신염, 과민성폐렴, 흡수불량증 등의 식품알레르기
세포성면역반응		
(4) 4형(지연형)	T임파구	접촉성피부염, 이식거부반응, 바이러스성감염

3) 식품 알레르기

(1) 증상

분류	증상
소화기계	구토, 복통, 설사, 흡수불량, 메스꺼움, 소장출혈, 단백질 손실성 장질환
안구	충혈, 결막염
피부	피부염, 습진, 두드러기, 가려움증
신경계	초조, 과민반응, 피로, 두통, 우울
호흡계	콧물, 재채기, 기침, 비염, 호흡곤란, 기관지, 천식, 만성폐렴, 중이염
혈관계	빈혈, 호산구증다증, 혈소판감소증
기타	유아의 갑작스러운 죽음, 급성과민증, 신장염

4) 알레르기 반응에 영향을 미치는 요인

(1) 유전

부모가 한쪽에 알레르기가 있으면 자녀가 알레르기일 가능성이 50%이며 부모 모두에게 알레르기가 있으면 75%가 알레르기일 가능성이 있다.

(2) 항원침입

영유아의 미성숙한 소장관은 IgA의 결핍으로 항원의 장내 흡수가 용이하며, 소장 질환의 경우에도 과잉의 항원이 장내로 흡수될 수 있는데 이는 소장 세포가 손상되면 점막이 파괴되어 투과성이 증가됨으로써 항원 침입이 증가되기 때문이다.

(3) 식품 알레르겐

식품에 함유되어 있는 항원은 주로 18,000~36,000 daltons의 분자량을 가진 당단백질이다. 식품은 많은 단백질을 함유하고 있는데 이들 중 일부만이 식품 알레르기와 관계가 있다.

어떤 식품에 과민 반응이 있다면 그와 같은 계통의 다른 식품에도 과민 반응을 나타내는 항원들 사이에 교차과민성(cross-reactivity) 등이 있다.

알레르기 증세를 일으키는 식품

분류	식품 종류
잦은 빈도	쇠고기, 귤, 오렌지, 콜라, 옥수수, 난백, 치즈, 생선, 조개, 우유, 땅콩, 견과류, 돼지고기, 딸기, 토마토, 밀, 포도주
드문 빈도	사과, 살구, 보리, 무, 당근, 닭, 포도, 강낭콩, 꿀, 양고기, 귀리, 완두콩, 복숭아, 파인애플, 쌀, 호밀, 과즙, 고구마

5) 알레르기 치료를 위한 식사처방

(1) 제거식이(elimination diet)

일상생활에서 음식 알레르기를 일으키는 식품을 식사로부터 제거하는 방법으로 정확한 원인 음식물이 밝혀지면 그 음식물을 금하고 그 음식들이 포함되어 있는 종류도 함께 금하여야 한다.

(2) 회전식단(rotation diet)

알레르기를 일으키는 식품을 4~5일에 한 번씩 섭취하도록 계획한 것으로 섭취량에 따른 반응을 임상적으로 조절하는데 편리하다. 회전식단은 4~5일에 한 번씩 섭취한 알레르겐 식품에 대해 내성을 갖게 할 수 있는 장점도 있다.

(3) 조리법 조절

조리법의 변경으로 알레르기를 예방할 수 있다, 예를 들면 찬 우유에 예민해도 데워 마시면 괜찮은 경우도 있고 우유를 단독으로 마시는 것보다 전분식품과 함께 크림스프, 푸딩, 케이크 등으로 조리했을 때 적응이 잘 되는 경우도 있다. 그러나 조리법 변경으로 항원성이 완전히 없어지는 것은 아니므로 조심스럽게 시도하여야 한다.

(4) 면역요법

처음에 소량의 항원을 투여하여 알레르기 증상이 없으면 서서히 그 양을 늘려간다. 약 2년 동안 항원의 양을 서서히 늘려서 그에 대한 반응이 없을 때까지 계속하면 항원에 대한 저항력이 증강될 수 있다.

6) 알레르기 치료를 위한 식사요법

(1) 식품 재료는 신선한 것을 선택하고 부패성이 높은 동물성 단백질 식품은 주의한다.
(2) 가공식품, 조리된 식품, 첨가물 함유식품은 되도록 피한다.
(3) 채소류는 향기가 강한 채소를 피하고 가능한 가열 조리를 한다.
(4) 기름은 신선한 것을 이용하고 향신료 및 자극성 있는 식품은 주의하다.
(5) 알레르기는 밤에 잘 일어나므로 저녁 식사에는 소화 흡수가 잘 되는 식품을 이용한다.
(6) 소화 흡수가 잘 되는 식품을 섭취한다.
(7) 어린이의 간식, 음료에 있는 알레르기 유발 물질의 유무를 충분히 확인한다.
(8) 과음이나 과식, 알코올 음료, 단백질과 지방 섭취에 유의하고 장내 가스 형성 식품 등을 금한다.
(9) 신선한 과일과 채소 등을 충분히 섭취한다.

9 암(Cancer)

1) 정 의

세계적으로 가장 사망률이 높은 질환 중의 하나로 우리나라에서도 사망률 1위를 차지하고 있다. 암은 그리스어로 게(crab)를 뜻하는 카르키노스(karkinos)에서 유래하였다, 즉 암은 게처럼 신체의 어느 부위에서나 유착하고 그 부위를 꽉 붙잡고 있는 것 같아 그렇게 부른 것이다. 암은 악성종양(maligmante tumor)으로 인체 내에서 암세포가 비정상적으로 자가증식하여 원래의 정상조직 기능과 분화 특성을 잃어버리고 조직에 침입한 후 혈액과 림프관을 타고 신체의 다른 부위로 침투하여 퍼지게 되며 그 종류는 250여 가지가 된다.

2) 원 인

(1) 유전인자

유전자 변형 물질, 면역체계이상, 호르몬대사

(2) 환경인자

음식, 흡연, 음주, 대기오염 등의 화학물질, 바이러스 감염, 생활수준, 스트레스, 자외선, 알코올, 방사선, 지나친 약물 사용

암과 관련된 식사요인

발암부위	위험요인	억제요인
식도암 구강암	과음, 흡연, 저장식품, 뜨거운 음식물, 단백질	비타민과 무기질 섭취, 양질의 단백질
위암	염장식품, 고염식, 뜨거운 음식물, 훈제생선, 고질산함유음식물, 비타민 무기질이 적은 음식	생채소 및 생과일 섭취
대장암	지방섭취증가(특히 포화지방) 동물성단백질 식품 증가, 저섬유식	고섬유식, 양질의 단백질, 채소섭취
간암	B형 간염, 아플라톡신, 과음	양질의 단백질, 비타민, 미량무기질

췌장암, 폐암	식사위험요인은 밝혀지지 않았음 흡연이 가장 관련성 있음	과일과 녹황색 채소에 풍부한 베타카로틴
유방암	과도한 에너지, 지방, 알코올 섭취, 고열량식	저지방식, 저열량식, 녹황색 채소와 과일
난소암	구강 피임제 복용	녹황색 채소와 과일
자궁내막암	에스트로겐 치료, 비만, 고혈압, 당뇨	
방광암	커피, 인공감미료, 알코올, 흡연	녹황색 채소와 과일
전립선암	지방섭취증가	녹황색 채소와 과일

3) 진 단

(1) 일반적인 검사

① 신체검사

체중감소, 통증, 배변습관변화, 계속되는 기침, 쉰목소리, 피부나 복부덩어리, 기관의 비대, 림프관의 폐색, 복수, 덩어리나 궤양화된 부분, 피부색소침착

② 생화학적검사

빈혈, 혈소판감소증, 고칼슘혈증, 혈청 알칼리인 인산분해효소의 증가

③ 방사선 진단

초음파, 컴퓨터 단층 촬영, 흉뷰 X-ray, 유방 뢴트겐 조영법

④ 생검

검사물을 채취하여 조직 표본을 제작해 현미경으로 검사

4) 증 상

(1) 암 악액질 상태

암 환자는 식욕부진, 식품섭취저하로 인한 영양결핍, 대사 항진과 소모증으로 건강이

악화되는 증상을 암 악액질(cancer cachexia) 이라고 한다. 특히 위장관, 췌장, 폐, 전립선, 림프절, 중증 암 환자가 악액질을 겪는다.

(2) 영양소 섭취 저하

① 조기포만감

암세포에서 식욕 억제 사이토카인 등을 방출하여 위 내 음식물의 이동을 지연시켜 포만감을 느끼게 되므로 암 환자는 식사 후 바로 포만감을 느끼게 된다.

② 미각 및 후각 변화

쓴맛에 예민해지고 단맛은 잘못 느끼며 냄새에 민감해진다.

③ 식욕부진

혈액 내 혈당, 유리지방산, 아미노산 농도의 변화로 식욕이 감소되고 식욕조절 호르몬 대사도 변화한다. 또한 정신적 스트레스로 구토, 메스꺼움 등으로 식욕부진은 더욱 심해진다.

④ 피로와 통증

암 환자는 쉽게 피로를 느끼며 식사를 준비하는 것 자체가 힘이 든다.

⑤ 심리적 스트레스

신체와 정신은 서로 유기적이다. 따라서 염증성 장질환 뿐만 아니라 여러 질환의 경과에 영향을 미친다.

⑥ 영양소 흡수불량

저작 및 연하가 곤란하게 되어 음식 섭취가 감소되어 영양불량이 되며 소장 융모세포의 감소로 소화흡수가 저하되고 췌장효소와 담즙산염의 부족 혹은 불활성화로 섭취한 영양소의 이용이 낮아진다.

(3) 영양대사의 변화

① 에너지 대사

암세포는 정상세포보다 기초대사율이 높고 비정상적인 대사를 하기 때문에 영양소 이용효율이 저하되며 체중이 많이 감소한다.

② 단백질 대사

체단백질의 소모로 저알부민 혈증이 나타나고 면역체계가 손상된다. 특히 당신 생합성이 활발하여 근육 소모가 크고 근육 손실은 체중감소로 이어진다.

③ 탄수화물 대사

종양세포의 포도당 이용률이 증가하고 코리회로의 활성 및 젖산에서의 당신생 합성이 증가하며 혈액 내 제한된 양의 포도당과 아미노산은 세포에 이용되지 못해 체조직 단백질이 분해된다.

④ 지질 대사

혈중지질을 지방세포로 이동해 체지방으로 합성하는 효소활성에 결함이 생긴 것으로 지방조직에서 지방합성이 감소되고 지방분해가 증가하여 혈액 내 유리지방산과 글리세롤이 높아지며 체지방이 손실되고 면역기능이 저하된다.

⑤ 비타민, 무기질 손실

혈중나트륨, 칼륨, 비타민C, 티아민, 엽산, 비타민A, 철분, 아연 등의 영양소 수준이 감소한다.

5) 암 환자의 음식물 섭취와 관련된 문제 해결방법

(1) 음식섭취량을 증가시키는 방법

① 식사의 중요성을 설명해준다.

② 기분이 좋을 때 많이 먹을 수 있도록 격려한다.

③ 농축 영양식품을 우선적으로 먹는다.
④ 좋아하는 음식으로 자주 먹는다.
⑤ 가족 및 친구와 함께 식사한다.
⑥ 소량씩 자주 먹는다.
⑦ 식사시 음료는 너무 많이 마시지 않는다.
⑧ 유쾌하고 편안한 환경을 조성한다.

(2) 식욕을 돋우는 방법

① 환자 자신보다는 다른 사람이 조리한다.
② 육류보다는 달걀, 생선, 가금류, 유제품을 먹는다.
③ 육류에는 조미를 하고 소스를 친다.
④ 새로운 음식과 향신료를 사용해 본다.

6) 암의 종류에 따른 증상

암의 종류	증상	식사요법
위암	초기에는 거의 증상이 없다 암이 진행되면 구토, 연하곤란, 상복부팽만감, 소화불량 및 통증, 토혈, 흑변, 설사, 영양실조, 식욕부진, 체중감소, 빈혈	양질의 단백질, 각종 비타민, 미네랄을 충분히 보충하고 위 점막을 자극하여 부담을 주는 과식이나 뜨거운 음식, 너무 딱딱한 것, 알코올류, 카페인음료, 담배 등은 제한한다.
간암	초기에는 거의 증상이 없다, 암이 진행됨에 따라 식욕부진과 체중감소, 산의 비대로 상복부에 딱딱한 덩어리가 만져지며 복부팽만감, 소화불량 등의 증세가 있다.	각 영양소를 고르게 분배할 수 있는 다양한 조리법을 이용하여 식사계획을 세운다, 당질식품을 적절히 공급하고 매 식사전 신선한 과일 등을 섭취하여 영양소를 보충한다.
폐암	초기에는 증상이 없거나 기침, 가래, 혈담, 흉통 등이 생기고 암이 진행되면 체중감소, 호흡곤란, 쉰 목소리 등이 나타난다.	면역능력이 저하되지 않도록 고에너지식, 고단백질식으로 하며 비타민과 미네랄류를 충분히 섭취한다.
대장암 직장암	항문에서 출혈이 있거나 대변에 피와 점액이 섞여 나오며 심한 악취가 난다.	식물섬유나 유제품은 장내에서 발효되어 가스와 지방산을 발생시켜 장점막을 자극하여 증상을 악화시킬 수 있으므로 적절히 제한하도록 한다.

유방암	가슴에 잘 움직이는 덩어리가 있으며 점차 주위조직과 유착되어 고정되며 피부 또는 젖꼭지의 함몰이 나타난다. 피부궤양, 통증 및 발적을 수반하고 유두에서 혈성 분비물이 나온다.	통곡류, 콩류, 콩으로 만든 식품, 잎이 많은 녹색채소류, 해조류 등을 충분히 섭취한다.
자궁암	초기에는 증세가 없거나 간혹 성교 후 소량의 출혈이 있다. 점차 잦은 출혈과 함께 배변, 배뇨 시에도 출혈이 있으며 악취가 나는 대하가 생긴다.	저지방 식사를 위주로 하며 신선한 과일, 채소를 충분히 섭취한다. 식품첨가물, 정제된 식품을 제한하며 싱겁게 먹는다.
췌장암	대부분 서서히 발병하고 식욕감퇴, 이유 없는 체중감소, 오심, 허약이 나타난다. 심해지면 상복부 및 등에 둔통이 생기고 황달과 소양증을 동반한다.	삶거나 데치거나 찌는 등의 조리법을 택하고 생것은 충분히 씹어서 섭취한다. 또한 산패된 지방질 식품섭취에 주의한다.
피부암	얼굴 부위에 피부궤양이 증가하며 궤양 주위에 융기된 부분이 나타난다. 심해지면 몸에 검은 반점이 생기고 빛깔이 짙어지고 출혈과 함께 딱지가 생긴다.	고지방 고단백 육류섭취, 가공식품류의 섭취를 금한다.
전립선암	50세 이상의 남자에게 주로 나타난다. 배뇨장애, 신기능 장애, 작열감, 빈뇨, 오줌줄기의 굵기와 힘의 약화, 혈뇨가 나타난다.	고단백, 고지방, 모든 종류의 육류, 난류, 유제품 등 가공식품은 금지한다. 저지방 식사와 섬유질이 풍부한 식사, 콩류, 생채소류를 풍부하게 섭취한다.

7) 암 수술 후의 영양문제 및 치료방향

(1) 암 수술 후의 영양문제

수술부위	수술후의 영양문제
뇌와 목	저작과 연하곤란이 유발되므로 심한 영양불량을 유발
식도절제	위 운동과 위산 생성이 감소한다 누공생성, 식도협착, 조기만복감, 구토, 지방변증, 설사 등의 증상
미주신경절제	저작과 연하곤란이 유발되며 지방의 흡수불량과 설사, 위운동감소, 덤핑증후군(위문괄약근절제시)
위절제	조기만복감, 덤핑증후군, 지방과 단백질 흡수불량, 저혈당, 염산결핍, 내인자의 결핍, 비타민 B12, 철분, 칼슘, 지용성 비타민 흡수불량 등의 증상
소장절제	설사, 지방변증, 지방, 지용성비타민의 흡수불량, 담즙손실, 탈수
대장절제	나트륨 및 전해질 불균형
췌장절제	지방, 단백질, 지용성 비타민과 무기질 흡수불량

(2) 식사요법

암 수술후의 치료방향은 소화, 흡수, 대사가 원활하게 될 수 있도록 규칙적인 식습관을 유지하여 정상체중을 유지하도록 하며 치료의 부작용으로 인한 영양적 손실을 보충해 준다.

① 소량으로 자주 공급하며 (6~8회/일) 고열량, 고단백의 소화되기 쉬운 간식을 주어 영양보충을 한다.

② 균형잡힌 영양식을 하며 식사시간에 얽매이지 말고 시장할 때마다 음식을 먹도록 한다.

③ 영양밀도가 높은 음식을 먹도록 한다.

④ 더운 음식보다는 상온 온도의 음식을 공급한다.

⑤ 자극적인 식품을 제한한다.

⑥ 천천히 식사하게 한다.

⑦ 음료수는 빨대를 이용해 천천히 마시며 식사 중 물을 마시지 않는다.

⑧ 천연 항산화 식품인 폴리페놀, 플라보노이드, 비타민A, C, E, 베타카로틴, 셀레늄, 마그네슘, 칼슘 등은 분자량이 적어 우리 몸에 들어가면 항산화효소와 유사한 작용을 하므로 과일과 채소를 충분히 섭취한다.

⑨ 염장식품, 훈연제품, 질산염을 함유한 식품의 섭취를 줄인다.

⑩ 알코올을 삼간다.

⑪ 반드시 금연한다.

⑫ 섬유소가 함유한 식품의 섭취를 증가시킨다.
섬유소는 조직과 발암물질과의 접촉시간을 짧게 하여 암의 발생을 줄이므로 정제하지 않은 곡류 및 채소류의 섭취를 증가시킨다.

(3) 암환자의 부작용에 따른 대처요령

부작용	대처요령
식욕부진	• 규칙적인 운동으로 식욕을 증진시킨다. • 천연 향신료를 적절히 활용한다. • 식사장소, 분위기를 바꾸어 본다. • 혼자가 아닌 여러 사람이 함께 식사한다.
변비	• 하루 1.5L 이상 충분히 수분을 섭취한다. • 섬유소가 많은 채소, 과일, 전곡류 등을 충분히 섭취한다. • 매일 조금씩 운동한다. • 배를 부드럽게 문질러주며 따뜻하게 한다.

설사	• 수분을 충분히 섭취한다. • 가스 발생 식품은 피한다.
입과 목의 통증	• 씹고 삼키기 쉬운 음식을 먹는다. • 입안이 쓰린 경우 빨대를 사용한다. • 음식은 너무 뜨겁지 않게 식혀서 먹는다. • 자극적이고, 맵고 짠 음식은 피한다. • 입안을 자주 헹구어 음식찌꺼기와 세균을 제거한다.
입안 건조	• 신음식을 먹으면 침 분비가 많아진다. • 물은 공복에 자주 충분히 마신다. • 가공되지 않은 천연 음식을 먹는다.
메스꺼움, 구토	• 뜨거운 음식은 메스꺼움을 유발하므로 가능한 식혀서 먹는다. • 억지로 먹지 않는다. • 머리를 약간 높인 상태로 쉬게 한다. • 입안을 찬물로 자주 헹궈준다. • 실내를 자주 환기시켜 불쾌한 냄새를 제거한다.

8) 항암식품

메밀, 소맥배아, 콩, 율무, 수수, 콩나물, 시금치, 상추, 배추, 샐러리, 알파파, 브로콜리, 연근, 무, 버섯류, 우엉, 두부, 미약, 다시마, 해삼, 된장, 앵두, 포도, 마늘, 김, 참깨, 파래, 요쿠르트, 인삼, 영지, 살구, 복숭아

10 골격계 질환

1) 골다공증(osteoporosis)

골격대사 이상 또는 칼슘대사의 불균형으로 인한 질환이며 뼈의 화학적 조성은 크게 변하지 않으나 골질량과 골밀도가 감소되어 나타나는 골절질환이다.

(1) 분류

① 일차적 골다공증

구분	폐경 후 골다공증 (제1형 골다공증)	노인성 골다공증 (제2형 골다공증)
발병연령	폐경 후 (50세 이상)	70세 이상
뼈 손실 형태	해면골	해면골, 피질골
뼈 손실 속도	빠름	느림
골절부분	요추, 척추, 손목	엉덩이뼈, 척추
부갑상선호르몬 수준	정상 이하	정상 이상
칼슘 흡수	정상 이하	정상 이하
주요원인	폐경(에스트로겐 분비저하)	노화(뼈 재생)

② 이차성 골다공증

이차성 골다공증은 일차적인 원인 질환이 있고 그로 인해 이차적으로 골다공증이 발생한 경우를 말한다. 즉 골조직의 손실을 가져오는 원인인 약물사용과 질병의 진행 결과로 나타난다.

(2) 발병 요인

① 유전

가족 중에 골다공증이 있는 경우는 없는 사람보다 걸릴 확률이 높다.

체격이 작고 마른 사람이 큰 사람보다 노화에 따른 골 손실이 커서 골다공증이 생기기 쉽다.

② 연령과 성

골질량은 45세 이후 골질량이 일정한 비율로 감소하며 발병률은 여성이 높다.

이는 여성의 최대 골질량이 남성보다 낮고 칼슘 섭취량이 적으며 폐경기에 에스트로겐 생성이 감소하여 골 손실이 가속화되기 때문이다.

③ 신체활동

신체활동은 뼈 재생을 촉진하며 활동부족은 골질량의 감소를 초래한다.

④ 내분비 호르몬

㉠ **혈중 칼슘 농도 조절 호르몬 :** 부갑상선호르몬은 뼈의 칼슘 용해를 증가시켜 골다공증을 유발하고 칼시토닌은 뼈의 용해를 저해함으로써 칼슘 대사를 개선한다.

㉡ **에스트로겐 :** 골격에 대한 부갑상선호르몬의 작용을 억제하고 칼시토닌의 작용을 촉진함으로써 뼈 용해량을 감소시키고 칼슘 평형을 개선시킨다.

⑤ 식사요인

칼슘과 비타민 D 섭취부족, 섬유소 과다섭취, 알코올 과다섭취

(3) 식사요법

① 충분한 칼슘을 함유한 식사

성인의 1일 칼슘 섭취량은 700mg이며 폐경 후 여성 골다공증 환자는 1일 1,000~1,500mg 섭취를 권장한다.

칼슘함량이 높은 식품

우유, 요쿠르트, 치즈, 두부, 잔멸치. 뱅어포, 순두부, 동태, 고등어, 꽁치, 고춧잎, 무청, 깻잎, 갓, 비름, 물미역, 케일, 귤, 중새우, 꽃게, 굴, 조갯살, 청아, 장어, 정어리, 근대, 무, 쑥갓, 냉이. 더덕, 고구마순, 아욱, 우엉. 두유, 호두, 아몬드

칼슘흡수를 증가시키는 식사

- 비타민 C와 함께 섭취한다.
- 유유는 유당, 카제인이 들어있어 칼슘흡수를 증진시킨다.
- 칼슘과 인의 비율이 1;1 이나 1.5;1로 섭취하면 흡수가 증가된다.
- 비타민 D는 칼슘흡수와 체내 이용에 필수적인 요소로서 급원식품은 동물의 간, 지방이 많은 생선류, 비타민 D 강화식품 등이 있다.

② 적당량의 단백질, 인. 및 비타민 D를 함유한 식사

칼슘과 인의 섭취는 1;1 동량을 섭취해야 하며 일상적인 식생활에서 인은 곡류, 두류, 육류, 어류 등으로 충분히 섭취하고 있으므로 인이 많이 함유되어있는 탄산음료, 가공식품, 인스턴트식품 등의 섭취는 제한한다.

비타민 D는 칼슘의 흡수를 도와주므로 정어리, 방어, 꽁치, 육류의 간, 버터, 난황, 생선, 표고버섯 등을 많이 섭취하며 피부에 자외선이 닿으면 비타민 D가 만들어지므로 하루 한 시간 정도 일광욕을 하는 것이 좋다.

③ 충분한 불소 섭취로 골절량을 증가시킨다(해산물, 차).
④ 과량의 단백질 섭취를 피한다.
⑤ 섬유소 섭취량을 1일 35g 미만으로 제한한다.
⑥ 지나친 알코올 섭취를 피한다.
⑦ 반드시 금연한다.

2) 통 풍

통풍은 체내 퓨린(purine)의 대사장애로 생기는 질환으로 단백질의 대사산물인 요산(uric acid)이 소변으로 배설되지 못하고 혈중 농도가 증가하여 불용성인 요산염이 관절이나 관절주위의 조직, 신장 등에 결정으로 침착되어 염증을 일으키는 질환이다.

(1) 원인

혈중 요산은 음식물로부터 섭취된 외인성 요산과 신체에서 파괴되는 세포로부터 유래되는 내인성요인이 있다.

(2) 증상

① 1단계 : 무증상 고요산혈증으로 혈중의 요산농도는 높지만 통풍의 임상증상이 없으며 특별한 치료는 필요없다.
② 2단계 : 급성통풍성관절염으로 열이 나고 붓고 붉게 변하며 압통이 나타난다.
③ 3단계 : 임계간 통풍으로 첫 급성 통풍성 관절염 발작 후 다음 발작까지의 아무런 증

상도 없는 기간을 말한다.

④ **4단계** : 만성통풍성 관절염으로 체내의 요산이 점차 증가하여 연골, 활막, 건, 연조직에 요산 결정체가 침착되어 결국 만성결절성 통풍이 야기된다.

(3) 식사요법

① 퓨린과 단백질

퓨린을 100~150mg 으로 제한하는 퓨린 제한식은 퓨린함량이 높은 육류나 생선 대신 달걀이나 치즈, 우유 등으로 필요한 단백질을 섭취하게 한다.

퓨린체 함량별 식품군

제1군 : 고퓨린 함유식품	100g당 150~1,500mg 함유식품 : 섭취금지
	육류 : 육류의 내장(쇠간, 콩팥 등), 고기국 어패류 : 청어, 생선알, 다랑어, 빙어, 멸치, 마른오징어, 조개
제2군 ; 중퓨린 함유식품	100g당 75~150mg 함유식품 : 주 1~2회 섭취 가능
	육류 : 베이컨, 쇠고기, 돼지고기, 오리고기, 고기수프, 양고기, 칠면조고기 어패류 : 연어, 송어, 고등어, 대구 채소류 : 콩나물
제3군 : 저퓨린 함유식품	100g당 75mg 이하 함유식품 : 주 3~4회 섭취 가능
	육류 : 닭고기, 햄, 소시지 어패류 : 가자미, 농어, 장어, 게, 굴, 넙치, 새우 채소류 : 시금치, 오이, 양파, 버섯, 강낭콩, 대두
제4군 : 극소퓨린 함유식품	극히 함량이 적은 것 : 보통섭취
	곡류, 달걀, 우유, 과일, 쥬스, 탄산수, 커피, 버터, 치즈, 김, 다시마, 미역, 2군,3군 이외의 채소

② 지방

지방은 요산의 정상적인 배설을 방해하므로 하루에 50g 이하로 제한하여야 하며 포화지방산보다는 불포화지방산의 섭취율을 증가시킨다.

③ 당질

통풍환자는 단백질과 지방을 적정량으로 제한함에 따라 필요한 나머지 열량을 당질에서 얻도록 식사가 계획되므로 식사 중 당질의 비율이 높아진다. 과당이 함유된 꿀, 과일, 설탕은 피하고 곡류 감자류와 같은 복합당질의 형태로 섭취한다.

④ 수분

다량의 수분 섭취는 요산을 제거하는데 도움이 되며 소변 농도를 묽게 하여 요산결석 형성을 방지하고 신장의 손상을 지연시키므로 1일 3L 이상을 섭취하도록 한다.

⑤ 체중조절

비만의 경우 통풍 발생 빈도가 높으므로 정상체중을 유지한다. 그러나 지나친 열량제한도 요산배설을 억제하므로 서서히 체중을 줄인다.

⑥ 알코올 제한

알코올은 체내 요산을 증가시키고 소변으로 배설되는 것을 억제하므로 술은 마시지 않는다.

3) 관절염

관절이란 두 뼈가 닿은 곳으로 섬유성 관절, 연골성 관절, 활막성 관절로 나눌 수 있다. 관절염이 잘 발생하는 관절은 활막성 관절이며 관절염은 관절에 염증이 있는 것으로 가장 일반적인 형태는 골관절염과 류마티스성 관절염이다.

(1) 골관절염(퇴행성 관절염)

① 원인과 증상

골관절염은 거의 대부분이 40세 이후에 일어나며 관절 주위나 내부의 연골조직과 뼈의 증식에 의해 관절연골이 손상되거나 닳아 없어지면서 관절변형과 관절통을 수반하는 질환이다. 모든 관절에서 발견되며 특히 체중을 지탱하거나 자주 사용하는 관절인 무릎, 엉덩이, 팔꿈치 등에 자주 발생한다. 이 병은 관절 내 연골이 손상되는 것이 특징이며 관절통, 부종, 관절비대와 근육연축 등 관절기능의 이상을 초래한다.

골관절염은 복합적인 원인에 의해 발생되며 유전적인 요인, 긴장이나 계속적인 자극, 심한 노동이나 외상, 부적절한 자세, 잘못된 식습관에 의해 증세가 악화된다.

증상은 처음에는 대수롭지 않게 서서히 시작되어 한두 관절에 운동 후 통증이 나타나고 관절을 무리하게 사용할 때 관절통이 오래 지속된다, 관절이 뻣뻣해지고 심해지면 연골이 모두 없어져 뼈가 드러나며 뼈들이 직접 마찰을 일으키기도 한다.

② 치료

비만한 사람의 골관절염 발생이 정상체중인 사람보다 높으므로 체중감량이 필요하다. 따라서 건강유지를 위한 적절한 식단작성이 매우 중요하다.

(2) 류마티스 관절염

① 원인과 증상

류마티스 관절염은 자가면역 질환의 일종으로 관절에 염증을 일으켜 통증, 부종과 관절 기능을 상실하는 만성병이다. 관절의 활막에서 염증이 시작되어 인체내 관절의 다른 조직에 파급되어 관절내 연골 손상을 일으켜 관절 전체의 모양이 변하고 관절 기능이 손상된다.

증상은 아침에 관절이 뻣뻣한 것이 한 시간 이상 지속되며 관절이 잘 붓고 관절전신 피로감, 쇠약감, 식욕부진, 체중감소, 고열, 오한, 골의 강직현상 등이 생긴다.

② 치료

규칙적인 생활과 관절에 부담을 주지 않는 적당한 운동 및 관절을 보호하기 위한 신발, 부목, 지팡이 등을 사용하는 것이 중요하다.

③ 관절염의 식사요법

㉠ 열량을 적정체중에 맞게 조절한다.

관절에 무리를 주지 않기 위해 정상체중을 유지하며 균형 잡힌 식사를 한다.

㉡ 단백질을 적절하게 섭취한다.

염증이 없을 때에는 권장섭취량 수준으로 하며 염증이 심한 경우나 영양결핍인 경우 1.5~2.0g/kg범위에서 섭취한다.

㉢ 수분과 섬유소

㉣ 변비가 있는 경우에는 섬유소가 많은 식품을 섭취하도록 하며 1일 2L 이상의 충분한 수분 섭취를 할 수 있도록 한다.

㉤ 칼슘을 충분히 섭취한다.
장기간 치료를 위해 비타민 D를 복용하는 경우에는 정상성인 섭취량인 700mg을 초과하지 않도록 한다. 특히 골관절염 환자들은 충분한 칼슘 섭취가 필요하다.

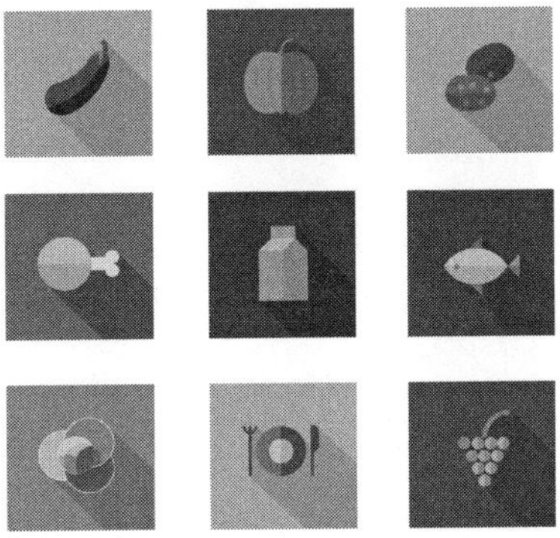

제 6 장
건강과 운동

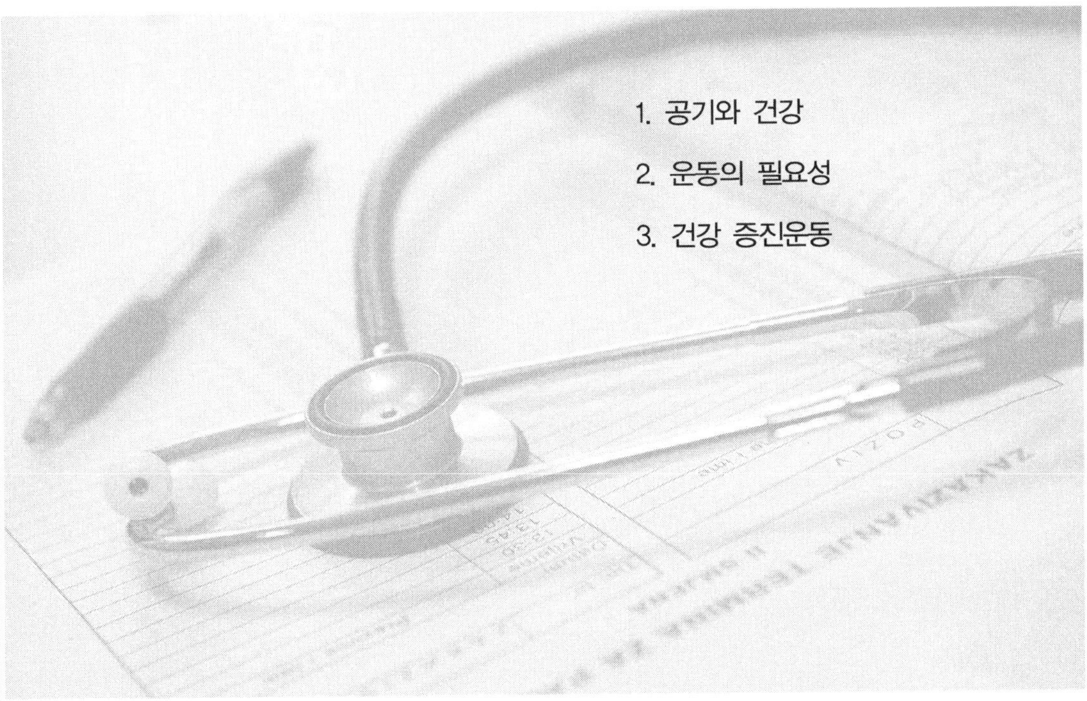

1. 공기와 건강
2. 운동의 필요성
3. 건강 증진운동

Dietary Health Management

Dietary Health Management

제6장

건강과 운동

1 공기와 건강

1) 산소호흡과 건강

(1) 호흡

호흡은 폐포 내에서 공기를 구성하고 있는 화학성분의 분압현상에 의하여 이루어지는데, 산소를 취하고 이산화탄소 및 수증기를 배출함으로써 흡기와 호기의 공기 주성분은 변화된다. 호흡을 통해서 취해진 산소는 혈중의 헤모글로빈과 결합하여 각 세포조직에 운반되고, 조직에서 발생한 이산화탄소는 폐포로 운반되어 호기로 배출된다.

2) 산소와 건강

대기 중의 산소 변동범위는 15~27%이며 일반적으로 21%인데 인체가 산소의 중간에 적용할 수 있는 위생적 산소변동범위는 15~50% 정도이다. 산소가 부족하거나 낮은 산소 분압에서는 저산소증을 고농도나 산소가 높은 산소 분압에서는 산소중독을 일으킬 수 있다.

2 운동의 필요성

운동은 생활에 활력을 주며, 긴장과 스트레스로부터 보호하며 호흡기를 튼튼하게 하고 체중조절과 혈압, 혈당 등을 정상으로 유지시키는데 도움이 된다.

또한 각종 질환을 예방할 수 있고 치료에 도움을 주며, 노화도 예방할 수 있다.

(1) 기초대사량을 증가시켜 에너지 소모를 원활하게 한다. 체지방을 감소시켜 비만을 예방하고 치료한다.

(2) 골수에서 적혈구 생산을 증가시키며 산소를 운반하는 헤모글로빈의 양도 증가되어 산소 운반 능력이 좋아진다.

(3) 운동은 혈압과 혈당을 낮추며 인슐린 감수성을 높여 당뇨병을 개선시켜 준다. 혈관벽에 콜레스테롤을 축적시키는 저밀도 지단백질을 감소시키고 콜레스테롤을 제거하는 고밀도 지단백질을 증가시켜 동맥경화를 예방한다.

(4) 폐의 산소 교환 능력을 향상시키고 산소 섭취량을 증가시켜 폐의 기능을 증가시킨다.

(5) 골다공증을 예방한다.

(6) 피로를 회복시키고 정신적 스트레스를 해소시켜 준다.

3 건강 증진운동

1) 신체활동과 운동

과학기술 발달과 그에 대한 의존도가 증가함에 따라 관련된 신체활동이 상당하게 감소하는 추세이다. 신체활동은 골격근이 수축하면서 휴식할 때보다 더 많은 에너지를 소비하게 되는 신체의 움직임이다.

급속한 경제성장과 기계문명의 발달에 따라 일상의 신체활동은 크게 경감하였으나, 에너지 섭취량은 늘고 있다. 섭취량이 늘어나는 만큼 신체활동의 증가를 통해 칼로리를 소비하는 것이 해결책이다.

2) 운동행동의 변화단계

신체활동에 적응하기위한 변화의 단계는 고려전 단계, 계획단계, 준비단계, 실천단계, 유지단계로 구분한다. 처음 3단계는 인지적 과정으로 생각에 대한 것이며 다음 2단계는 행동적 과정으로 행동과 수행을 다루고 있다.

(1) 신체활동에 적응하기 위한 변화 5단계

① 고려전 단계

현재 신체활동을 하지 않으며 6개월 이내 시작 할 의도가 있는 사람으로 대개 신체활동을 증가 시키는 것이 건강에 유익하다는 것을 인식하고 있지만 신체활동장애를 극복할 동기가 충분하지 않다.

② 고려기

현재 신체활동을 하고 있지는 않지만 6개월 이내 운동을 시작 할 의도가 있는 사람으로 운동에 대한 생각, 즉 관심을 가지고 계획을 수립하거나 변화가 되지 않은 상태이다.

③ 준비기

현재 운동을 하고 있으나 그 수준이 3회, 최소 30분 이상에 미치지 못하는 상태이다.

④ 실행기

현재 규칙적인 신체활동을 하고 있으나 6개월이 경과하지 않은 사람으로 신체활동에 대한 동기가 있으니 운동 중도 탈락을 방지하기 위한 행동기술의 학습과 개발이 필요하다.

⑤ 유지기

규칙적인 신체활동을 6개월 이상 지속하는 사람으로 운동이 습관화된 상태이다.

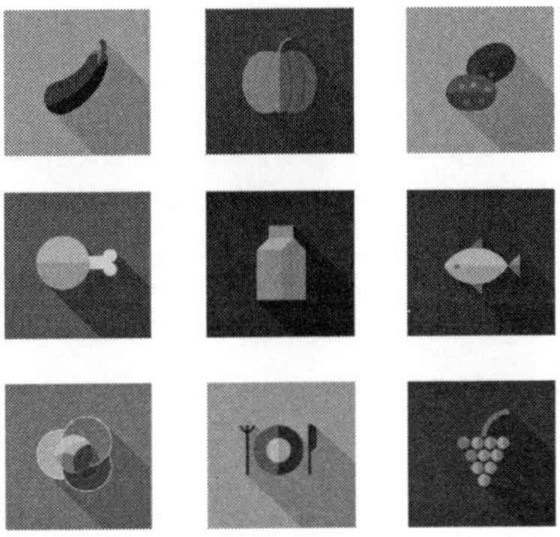

부 록

한국인을 위한 식생활 목표와 지침

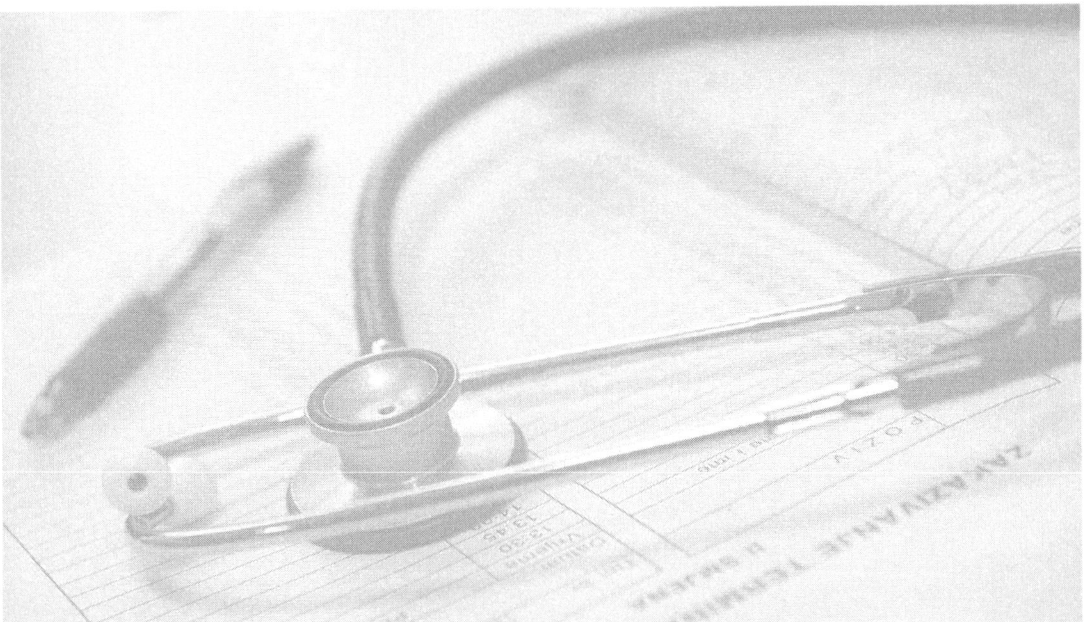

Dietary Health Management

부록

한국인을 위한 식생활 목표와 지침

1) 한국인을 위한 식생활 목표

(1) 열량과 단백질은 권장량에 맞게 섭취한다.

(2) 칼슘, 철분, 비타민A, 리보플라빈 섭취를 증가시킨다.

(3) 지질의 섭취는 총 열량의 20%를 넘지 않게 섭취한다.

(4) 소금은 하루에 10g 이하로 섭취한다.

(5) 알코올 섭취를 줄인다.

(6) 건강체중(BMI 18.5~25)을 줄인다.

(7) 바른 식습관을 유지한다.

(8) 전통 식생활을 발전시킨다.

(9) 식품을 위생적으로 관리한다.

(10) 음식 낭비를 줄인다.

2) 한국인을 위한 식생활 지침

(1) 곡류·채소·과일류·어육류·유제품 등 다양한 제품을 섭취한다.
(2) 짠 음식은 피하고 싱겁게 먹는다.
(3) 건강체중을 유지하기 위해 활동량을 늘리고 알맞게 섭취한다.
(4) 식사는 즐겁게 하고 아침을 꼭 먹는다.
(5) 술을 마실 때는 그 양을 제한한다.
(6) 음식은 위생적으로 필요한 만큼 준비한다.
(7) 밥을 주식으로 하는 우리 식생활을 즐긴다.

3) 성인을 위한 식생활 실천지침

(1) 채소·과일·유제품울 매일 섭취한다.

① 여러 가지 채소를 매일 섭취한다.
② 다양한 제철과일을 섭취한다.
③ 우유, 요구르트, 치즈, 등 유제품을 간식으로 섭취한다.

(2) 지방이 많은 고기와 튀긴 음식을 적게 섭취한다.

① 튀기거나 볶은 음식을 적게 섭취한다.
② 등푸른 생선을 자주 섭취한다.

(3) 짠 음식을 피하고 싱겁게 먹는다.

① 장아찌, 젓갈, 같은 짠 음식을 적게 섭취한다.
② 음식을 만들거나 먹을 때 소금이나 간장을 적게 사용한다.
③ 국과 찌개의 국물을 적게 섭취한다.

(4) 활동량을 늘리고 알맞게 섭취한다.

① 운동은 1회 30분 이상, 1주 3~4회 이상 한다.
② 생활 속에서 신체활동량을 늘린다.

③ 단 음식과 단 음료를 제한한다.

④ 건강체충을 유지한다.

(5) 술을 마실 때는 그 양을 제한한다.

① 되도록 음주를 피한다.

② 남자는 하루 2잔, 여자는 하루 1잔 이내로 제한한다(2잔은 소주로 3잔, 맥주로 2캔 양주로 2잔에 해당한다).

③ 임산부나 청소년은 절대 술을 마시지 않는다.

(6) 세끼 식사를 규칙적으로 즐겁게 한다.

① 아침을 거르지 않는다.

② 저녁식사는 가족과 함께 한다.

(7) 음식은 먹을 만큼 준비하고 위생적으로 관리한다.

① 음식은 먹을 만큼 만들거나 주문한다.

② 남은 음식은 바로 냉장보관하고 오래 두지 않는다.

(8) 밥을 주식으로 하는 우리 식생활을 즐긴다.

밥과 다양한 반찬을 갖춘 식단으로 영양균형을 유지한다.

4) 노인을 위한 식생활 실천지침

(1) 채소, 고기나 생선, 콩 제품 반찬을 골고루 섭취한다.

① 다양한 채소 반찬을 매끼 섭취한다.

② 고기나, 생선, 달걀, 콩 제품 반찬을 매일 섭취한다.

(2) 우유 제품과 과일 제품을 매일 섭취한다.

다양한 제철과일을 섭취한다.

(3) 짠 음식을 피하고 싱겁게 먹는다.

① 장아찌, 젓갈 같은 짠 음식을 적게 섭취한다.

② 음식을 만들거나 먹을 때 소금이나 간장을 적게 사용한다.

③ 국과 찌개의 국물을 적게 섭취한다.

(4) 많이 움직여서 식욕과 적당한 체중을 유지한다.

① 자신에게 알맞은 운동을 규칙적으로 한다.

② 많이 걷고 움직이는 생활을 한다.

(5) 술을 절제하고, 물을 충분히 섭취한다.

① 되도록 술을 마시지 않는다.

② 술을 마실 때는 하루 1잔 이내로 제한한다.(1잔은 소주로 1.5잔, 맥주로 1캔, 양주로 1잔에 해당한다.)

③ 물을 자주 섭취한다.

(6) 세끼 식사와 간식을 꼭 섭취한다.

① 세끼 식사를 규칙적으로 한다.

② 조금씩 자주 섭취한다.

(7) 음식은 먹을 만큼 준비하고, 오래된 것은 먹지 않는다.

① 음식은 한꺼번에 많이 만들지 않는다.

② 남은 음식은 바로 냉장보관하고, 오래 두지 않는다.

참고문헌 Reference

강남이 외, 영양생리학, 지구문화사, 2010
강명성 외, 건강운동관리사, 시대고시기획, 2017
고종호 외, 건강기능식품학, 보문각, 2011
곽재욱, 민경희, 영양치료처방집, 연두출판사, 2004
구재옥 외, 식사요법 원리와 실습, 교문사, 2012
김남연 외, EBS 피부학, 고시연구회, 2008
김양호 외, 공중보건학, 현문사, 2017
김인숙 외, 임상영양과 식사요법, 효일, 2006
김종인 외, 보건학원론, 계축문화사, 2017
김주덕 외, EBS 화장품학, 고시연구회, 2008
김해영 외, 식이요법, 지구문화사, 2011
김회창, 공중보건학, 보문각, 2015
남철현 외, 공중보건학, 계축문화사, 2016
내분비학, 내분비교재연구회, 바이오사이언스, 2008
다이어트불변의 법칙, 하비다이어몬드, 사이온북스
동의보감 음식궁합, 자연식생활연구회, 아이템북스, 2014
박상준, 30대 다이어트는 달라야 한다, 웅진리빙하우스, 2013
보건복지부, 건강체중, 국가암정보센터, 2016
보건복지부, 식이, 국가암정보센터, 2016
보건복지부, 신체활동, 국가암정보센터, 2016
서정교 외, 공중보건학, 보문각, 2017
손숙미 외, 다이어트와 체형관리, 교문사, 2004
이경영, 김소영, 다이어트영양학, 대한미디어, 2008
이명숙 외, 임상영양학, 양서원, 2012

이성옥 외, EBS 피부미용학, 고시연구회, 2008
이송미 외, 식품과 영양의 이해, 지식인공동체, 2014
이정실 외, 식사요법, 교문사, 2002
이주열, 공중보건학, 군자출판사, 2016
임상영양가이드, 서울중앙병원, 광문각, 2000
장유경 외, 임상영양관리, 효일, 2006
최혜미 외, 21세기 영양학, 교문사, 1998
하재용 외, 알기쉬운 공중보건학, 메디칼사이언스, 2017
한정순 외, 현대인의 식생활과 건강, 지구문화사, 2013
허진선 외, 건강식품의 개발, 한국학술정보, 2011
혈액을 맑게 하는 식품영양사전, 구라사와다다히로, 중앙생활사, 2010
홍명순 외, 건강과 영양의 이해, UUP, 2011
Nutrition Therapy and Pathophysiology – second edition – International Edition
네이버 www.naver.com
다음 www.daum.net

찾아보기 Index

[ㄴ]

[ㄷ]

[ㄹ]

[ㅁ]

[ㅂ]

저자 소개

박상태(朴相泰)

현재 중부대학교 한방건강관리학과 교수
대한보건교육사회 회장(보건복지부장관 자격증 단체)

학력 원광대 한의학 박사과정 수학
대구한의대 보건학 박사 취득

경력 경기대 대체의학대학원 논문지도교수, 심사위원 및 위원장
중부대학교 글로벌혁신교육센터 부센터장
중국 요녕 중의약대학 객좌교수
EBS 피부미용사 공중위생관리학 강의교수
대한보건한의학회 기획위원장
보건복지부 보건복지 옴부즈맨
식약처 한약 등 약물부작용 전문가위원
대한한약협회 정책위원장, 비상대책위원장
2010 제천국제한방바이오엑스포 자문위원
2013 산청세계전통의약엑스포 조직위원
고용노동부 실내공기질관리사 강사
식약처 중앙약사심의위원회 전문위원 (현)
2017 제천국제한방바이오산업엑스포 조직위원 (현)
한국통합의학교수협의회 보건교육위원장 (현)
한국식생활교육협회 명예회장 (현)
한국심신치유학회 자문위원 (현)
한국요가문화협회 자문위원 (현)
한국보건교육 건강증진학회 이사 (현)
연세대학교 총동문회 이사
수원 농생명과학고등학교 운영위원장
수원 지방검찰청 범죄예방의원

저서 공중보건학, 보건교육학, 생활한방과 건강, 실내공기질관리학, EBS 피부미용사
공중위생 관리학, 한방미용학의 이해, 초등학교 보건교과서 등 다수

식생활과 건강 값 12,000원

2017년 8월 28일 제1판 인쇄
2017년 9월 1일 제1판 발행

저 자 : 박 상 태
발 행 인 : 주 영 일
발 행 처 : **계 축 문 화 사**

서울특별시 종로구 통일로12길 16-17
우편번호 03029
TEL : 735-2257·738-9746
FAX : 723-9025
E-mail : gyechuk@hanmail.net
홈페이지 : http://gyechuk.co.kr
1973. 10. 31 등록번호 제300-1973-8호
ISBN 978-89-5629-483-4 93510